LOCUS

LOCUS

LOCUS

LOCUS

Beautiful Experience

tone 08

Japan Style

作者 柯珊珊
責任編輯 李惠貞
美術設計 徐蕙蕙
法律顧問 全理律師事務所董安丹律師
出版者 大塊文化出版股份有限公司 台北市105南京東路四段25號11樓
www.locuspublishing.com

讀者服務專線 0800-006689
TEL (02) 87123898
FAX (02) 87123897
郵撥帳號 18955675
戶名 大塊文化出版股份有限公司

總經銷 大和書報圖書股份有限公司 台北縣五股工業區五工五路2號
TEL (02) 8990-2588 （代表號）
FAX (02) 2290-1658
製版 瑞豐實業股份有限公司
初版一刷 2006年7月
初版四刷 2006年11月
定價 新台幣350元
ISBN 986-7059-23-9

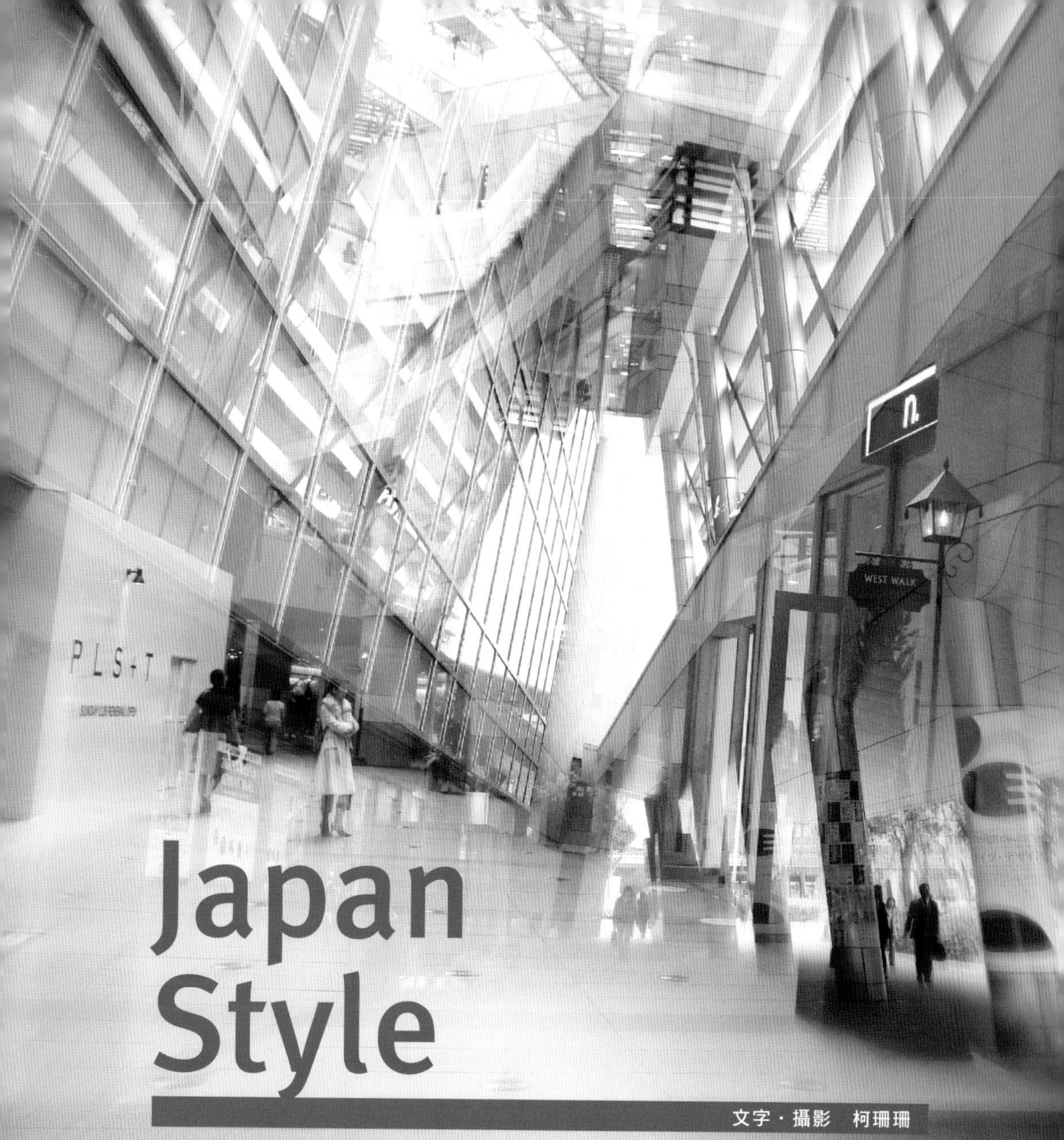

Japan Style

文字・攝影　柯珊珊

.CONTENTS.

1 時尚美學篇

資生堂——開創時代潮流的大派先鋒 010
LAZY SUSAN——描繪幸福人生藍圖的專家 022
BEAMS——時尚指標的發信先驅 032
TOMORROWLAND——眺望未來的理想時尚園地 042
丸井——年輕世代熱愛的百貨區隔高手 052

2 美味老饕篇

虎屋——正港的五百年和果子老鋪 064
MARY'S——最令人想念的巧克力情人 074
伊藤園——發揚茶葉文化的扶桑茶園 084
梅之花——美味又價格合理的庶民化懷石料理 094
北海道——優雅大氣的居酒屋 104

3 創意設計篇

IDÉE——家飾設計界的一流台柱 116
ITOYA——最齊備的上班族文具王國 126
無印良品——老少咸宜的無記號好東西 136

4 生活便利篇

LOFT——都會人的雜貨百貨公司 148
TOKYU HANDS——各種名堂都有的生活創意中心 158
不二家——大眾化的幸福洋果子餐廳 168
BOOK OFF——讓書蟲滿載而歸的連鎖二手書店 180

5 城市再造篇

六本木之丘——二十一世紀最完美的城鎮 192
橫濱港區未來二十一——城市功能最齊全的東京之窗 208

自序

回想與日本的淵源，好像進入一個時空隧道，一切要從音樂大師——坂本龍一說起。高中時看了坂本龍一主演的電影《俘虜》（其實本來是衝著另一位男主角DAVID BOWIE去看的），立刻對日本產生極高度的興趣，立志大學一定要唸日文系，夢想著有一天可以當面用日語與偶像交談（現在這個慾望已淡了）、研究所有有關他的第一手報導。後來如願考上了日文系，從此踏上我戀日的人生旅途。此後每回到日本，總感覺像回到自己家一般親切，說日語也非常自在，甚至常常被同胞說長得像日本人，在日本也常被日本人問路……。而我那受日本教育、七十多歲的老父親，雖然去過四、五十個國家，最喜愛的還是日本，如今每年仍遠赴日本各地開同學會。我們父女倆最快樂的共通話題自然就是日本。說起來，我與日本的緣份，應該是半遺傳半養成的吧！

即使對日本已相當熟悉，日本人的民族性仍經常讓我感到不可思議。尤其是在責任感方面，日本人普遍來說都有極高的自覺，也就是非常自律。印象最深刻的是阪神大地震後，日本的相關單位官員因為深感無法於短時間內振興地區建設，包括繼任者竟然有三位人士陸續引咎自殺。我至今仍忘不了當時看到這則新聞時，三張遺照並排在螢幕上帶給我的強烈震撼。日本人那種不成功便成仁、追求極致的武士道精神，至今仍然深植於民心之中。誠信也是日本人令我肅然起敬的特點之一。記得我曾經在書店買了一大堆書，結果回旅館才發現店家少放了一本，經我打電話說明，他們確認後二話不說，隔天立刻請快遞補送給我。此外，對於細節的重視，也少有人可與日本人相比。有一次我在一家連鎖餐廳用餐，當時只是隨口跟服務生說菜單照片上的竹筍比實品多，結果店長立刻端上半碗竹筍給我。可見得日本物價雖高，但消費經驗卻是令人滿意而愉快的。

由於對日本的喜愛，在出版了一本分析日本的書以後，覺得還有不少東西想與讀者分享，於是又開始企劃第二本同樣以日本為主題的書。因為一向欣賞日本商品的細緻與蘊含的美學，也熱衷觀察日本許多行業的生態變化，所以這次焦點放在品牌消費。坊間雖然有許多日本購物指南或商家大蒐集之類的書，但幾乎都只停留在介紹商店層面，我想做的，則是一本美麗、深入又耐看的書。本書中所收錄的品牌在相關產業裡幾乎皆是第一把交椅，對正處於多元精緻轉型期的台灣來說，五大類都可作為台灣趨勢變化的借鏡；而且懂得擷取歐美優點的日本企業，所消化反芻的細膩產物特別適合台灣，其吸引人之處不是只有商品漂亮、櫥窗美觀的表相而已。

前往日本的消費者很多，喜歡購物的人更多，但在擁有消費力的同時，是否能夠建立一種消費的文化？品味比花多少錢更重要，創造自己的風格才有價值。這本書希望提升大眾花錢血拼的層次，因為那樣的快感維持不了多久。如果能夠用更深入的角度與開闊的視野，透過一個個深入寫實的品牌故事，去了解每個品牌美麗光鮮的面貌背後值得學習的經營理念、創意、運作模式與行銷手法，必能收穫更豐，進而吸收到讓生活更有樂趣的能量。

書中一半以上的品牌，在我出發之前，就先以e-mail探詢過對方意願，無論同意與否，抵達日本以後，我一律再用電話連絡表達自己的誠意，終究靠著一顆「素直」（HONEST）的心敲開了各企業的大門。雖然和以往單純做為一位客人的立場不同，一個人在異鄉交涉、採訪、攝影與收集各種資料，有時身心的疲累皆已達到極限，但我還是很高興能與這些品牌建立良好關係，也很榮幸能夠為這些頂尖的企業留下一些記錄。

感謝幾位特別幫助我的異國貴人，尤其是LAZY SUSAN的大井總監，對素昧平生的我照顧有加，不但關心我工作狀況與安危，甚至運用人脈幫我安排採訪BEAMS社長，並且意外得到設樂社長贈送四本好書的機會。虎屋、資生堂、LAZY SUSAN與MARY'S不只表示歡迎，還非常正式款待我，讓我感受到許多溫情。而原本拒絕受訪的TOMORROWLAND、伊藤園，因為我不氣餒地於第二次赴日懇求，終於被我的誠意與熱情打動。丸井則由於我兩次採訪，同意提供的資訊內容從旗下一個傢俱品牌擴大範圍為整個百貨集團。與企業之間充滿酸甜苦辣的互動，一點一滴都讓我心存感激，成為永誌難忘的回憶。

最後十分感謝大塊文化和美術設計徐蕙蕙小姐，一起讓這本書順利誕生。

珊珊　二〇〇六年五月

時尚美學篇

1

名列世界四大時尚之都的東京，在解讀時代潮流有其獨到之處，
開創流行時尚的功力更為舉世公認，這幾個品牌全方位與LIFE STYLE結合，
不只是媒體常報導的對象，也是大眾感興趣的企業，
讓讀者了解日本頂尖的時尚為何。

資生堂
開創時代潮流的大派先鋒。

資生堂大樓是銀座的著名地標。

日本的優秀企業不少，但能夠走過一世紀以上——也就是跨越明治、大正、昭和到現在的平成時代——還發展得輝煌燦爛就不多了，資生堂（SHISEIDO）無疑是其中絕佳代表。不過國人對資生堂的主要印象就是化妝品，這是相當可惜的。在銀座擁有自社大樓的資生堂，為經營版圖碩大、發展項目極為多元的頂級企業。磚紅色的資生堂大樓更是銀座的閃亮地標，包括彩妝中心、服飾店、髮廊、美容沙龍、餐廳、咖啡廳、酒吧、甜點屋、畫廊等，在業界皆屬帶領風潮的高檔地位，無疑是一個包羅萬象的企業體系。一百三十幾年來，資生堂憑藉卓越的開發力、研究力、技術力與表現力，共同整合匯聚出強大的總合力，形成傲視全日本的大派風華。

由藥局起家的百年品牌

我一向對探究企業成功之道很感興趣，追溯企業如何隨著光陰改變風貌的軌跡，常帶給我許多啟示。明治五年（西元一八七二年）由福原有信創立於銀座的資生堂，在以漢方藥為主流的時代，是日本第一家配藥的洋風藥局，名稱來自《易經》的一句「至哉坤元萬物資生」。資生堂一九〇二年在藥局內設置了一台蘇打水製造機（SODA FOUNTAIN），製造販賣蘇打水與當時非常稀罕的冰淇淋。經過上百年的歲月洗禮之後，如今的資生堂不僅是奢華銀座的象徵，更將傳統與創新、東洋與西洋融合得恰到好處，並且始終扮演引領時代前進的企業先鋒。

SHISEIDO是傲視日本的世界級企業。

資生堂大樓一樓的蘇打水製造機讓人飲水思源。

資生堂可說是我懂事以來第一個知道的化妝品品牌，小時候喜歡把玩媽媽的口紅、粉餅、香水等，其中有不少資生堂的產品呢！大正五年（西元一九一六年）事業體由藥品轉至化妝品，對資生堂來說是劃時代的一個分水嶺，企業標誌也由老鷹轉為雅緻的花椿（山茶花）。翌年第一代社長福原信三有遠見地成立宣傳部，以新藝術派為基調設計的海報、平面廣告、包裝乃至店鋪，無不洋溢著優美高雅的氣氛，形成一種洗練高尚的「資生堂調」，為設計對企業的重要性做了最佳說明。資生堂的廣告宣傳物也是各類美術設計比賽的常勝軍，到現在資生堂優秀的設計仍常居同業之冠。我手邊尚保存著學生時代從日本收集來的海報，對海報中深具日本古典美的模特兒山口小夜子印象非常深刻。

頻繁開創新紀錄的業界先鋒

追溯資生堂最早的化妝品，是一八九七年登場的化妝水Eudermine。以花為名的化妝品以現代的眼光來看很稀鬆平常，但總是走在時代、業界前端的資生堂，遠在一九一八年就特製了「梅之花」、「藤之花」、「山谷姬百合」、「茉莉」、「菫」等二十一種花卉的香水。在此之前日本的香水都由巴黎進口，資生堂成功地引起國內市場的注意，成為日本化妝品品牌的翹楚。

SHISEIDO
GINZA TOKYO

資生堂的企業標誌「花椿」。（資生堂提供）

《花椿》是一本精簡濃縮的時尚誌。
（資生堂提供）

而現在大家習以為常的專櫃美容顧問，則是由資生堂於一九三四年所創，當時從幾百位優秀女性中選出九位「資生堂小姐」，經過研修美容技術、皮膚學、化妝品學、服裝流行、宣傳術、社會常識等嚴格訓練後，以近代美容劇形式到全國巡迴演出示範最新的美容方法，結束後接受民眾諮詢。此舉成為日後化妝品業店頭活動的原點。而一九五六年以創造整體美所設立的美容室，提供包括洗燙髮、染髮、修指甲、做臉、蒸汽浴等全身上下的美容護理，不僅使同業驚異不已進而跟進學習，更成為未來高級沙龍的濫觴，在在說明擁有巨大能量的資生堂天生就是開路先鋒。

Eudermine是資生堂香水的原點。（資生堂提供）

高級沙龍由資生堂所創。

濃縮日本流行時尚的《花椿》

在日本，俯拾皆是豐富的歐美流行時尚訊息，不過自往昔資生堂就是交流西方時尚的橋樑。一九二四年針對顧客發行的文化情報誌《資生堂月報》，是化妝品界初次出現的美容刊物，經過改名為《資生堂GRAPH》的時期，一九三七年轉變為更精緻豐富的《花椿》（HANATSUBAKI），內容報導巴黎女性的服裝、美容訊息，對當時講求時髦的日本女性來說，是非常珍貴的海外第一手情報，也是資生堂鞏固會員關係的重要工具。

月刊型式的《花椿》，可說是一本精簡濃縮的時尚誌，雖然才三十幾頁，報導內容卻極為多元，每期皆以流行時尚為主軸，還包含藝術、電影、美食、人物等訊息，不但是資生堂對外發信的天線，更可從中窺得東京時尚圈的最新動態。我平常就很喜歡研究收集各類雜誌別冊、可自由拿取的FREE PAPER和企業刊物，因此《花椿》我也珍藏了幾本，如果每一期收集齊全，不失為一部見證時代變化的流行字典。

影響全世界的美麗勢力

即使有人說女人錢最好賺，但化妝品界的競爭依然十分激烈。資生堂能夠長期佔據龍頭地位，不斷配合時代潮流推出新產品是要訣之一。無論彩妝或保養品，皆以貫徹美與健康的精神，幫助女性追求嶄新的、真正的自我。如此在既有的樣貌裡發掘新的可能，然後以獨特的美學與精湛的技術，為消費者創造出符合時代需求的產品，是資生堂最重要的成功因素。

產品多元豐富的資生堂於一九五七年設立台灣分公司，展開攻佔亞洲的第一個據點，接著到美、義、法等國，如今資生堂在全球的銷售網多達六十餘國。一個企業跨國發展至此，其左右千百萬女性的美麗影響力實在非常驚人。能夠如此隨著時代不斷變化商品，智囊團功不可沒。資生堂位於五

美與健康是資生堂貫徹的精神。

上：靜岡縣的企業資料館是資生堂的寶庫。
下：銀座的HOUSE OF SHISEIDO是迷你資料館。
（以上資生堂提供）

反田的BEAUTY SCIENCE研究所，負責調查消費者需求、研究世界生活文化情報、進行美容理論的建立等，再輔以具醫學基礎、最先進的研發知識來開發新產品，最終受惠的自然是消費者。如果有心探究資生堂的輝煌發展過程，近可到銀座總公司的HOUSE OF SHISEIDO參觀，遠則可前往靜岡縣的資生堂企業資料館，保證能夠完全滿足好奇心。

銀座地標的資生堂大樓

綜觀資生堂的輝煌發展史，可知其常以披荊斬麻之姿，創造出讓世人讚嘆的成就。資生堂在餐飲界響叮噹的名號，與化妝品界不相上下，不但於一九二八年首先將西洋料理正式引進日本，旗下經營的十幾家餐廳、咖啡廳，有最頂級的、也有大眾化的，要介紹當然先從源頭資生堂大樓說起。

由西班牙建築師RICARD BOFILL重新設計建蓋的資生堂大樓

6

右頁圖：在擁有6公尺天窗的BAR喝酒是特殊體驗。（資生堂提供）

a.
FARO餐廳的存在宛如銀座燈塔。

b.
在天井高的PARLOUR餐廳用餐心情舒適。

c.
海鮮前菜像藝術品般細緻。

d.
主菜菇類燉鴨肉質鮮味美。

——也就是資生堂的旗艦總部，於二〇〇一年三月一日開幕時，立即成為銀座最閃亮的地標。外觀巍峨醒目、內部高雅貴氣，不同樓層以不同色調裝潢，異中有同的風格，看得出是出自同一位大師之手。十樓墨綠色的FARO義大利餐廳，號稱是銀座最接近天空的地方。義語燈塔之意的FARO，乃希望可以照亮二十一世紀的銀座。餐廳的價位稍高，午餐約二千多至七千日幣，晚餐約六千多至一萬三千日幣。頂端的十一樓為LOUNGE BAR，在這裡若適逢晴朗夜晚，當高達六公尺的天窗打開時，不但可以坐擁星辰，更能體會此處自詡為燈塔的深意。

由於憧憬資生堂多年，曾去過這棟大樓幾次，也在鵝黃色調的PARLOUR用過餐。四、五樓整個貫通的高天井設計，舒適感覺完全有別於一般大樓裡的餐廳。四千多日幣的ROSE午餐，從海鮮前菜、菇類燉鴨肉主菜、水果聖代到現煮咖啡，道道都細緻

a. 洋溢歐洲氣氛的資生堂CAFÉ。（資生堂提供）

b. 餅乾吃完漂亮鐵盒好收藏。（資生堂提供）

c. PLAZA甜點屋由法國名廚坐鎮。

d. 捨不得入口的禮盒造型巧克力蛋糕。

高雅、色香味滿分，特製的鑲金邊餐盤，更是讓客人感覺如同上賓般被對待。三樓紅色調的SALON DE CAFÉ古典雅緻，洋溢著歐洲氣息，在東京都內屬於高檔的咖啡廳。炸蝦三明治料理得酥軟適中，果汁滴滴原味，就算貴了點，也是美好的體驗。

一樓的PLAZA為甜點屋，充分將藝術、美食與文化合而為一。由曾獲得M·O·F·（法國最優秀料理人獎）的大廚JACQUES BORIE所構思創造的PLAZA所供應的甜點，彷彿名媛仕女熱愛的精品，不只造型賞心悅目，更擁有最正統的歐風滋味。最讓我驚艷的是一個禮盒造型的巧克力蛋糕，連上頭的蝴蝶結也由巧克力做成。這個巧克力蛋糕價格比想像中便宜，只要六千日幣，可惜不方便帶回台灣。這裡的餅乾更是一級棒，連鐵盒都漂亮得可以作為收藏。

內在知性與外表美麗並重

如果要品嚐最正統道地的法國料理，就務必前往位於資生堂大樓附近、銀座並木通的L'OSIER（柳之意）高級法國餐廳。L'OSIER同樣由JACQUES BORIE掌廚，此大師一直以日本第一為目標，極盡可能發揮無限美食創意大展手藝。門外種植著樅木、柳樹、梅花、山茶花，並有警衛守護。一樓為大廳，如果衣裝過於隨便，是不適合入內用餐的。

令人垂涎的美食以外，資生堂大樓地下一樓的畫廊也不容錯過。雖然面積不大，但由於始終堅持前衛與純粹兩大主調，推出的展覽風評極佳，是鼓舞新銳藝術家的最好舞台。譬如二〇〇一年的「亞細亞散步」，邀請日

a.
荷包飽滿、衣著整齊是入L'OSIER首要條件。

b.
L'OSIER是頂級的法國餐廳。

c.
L'OSIER餐廳一隅。

d.
一道道都是法國大廚的經典料理。
（以上資生堂提供）

融合前衛與純粹兩大元素的畫廊。（資生堂提供，櫻井儀久攝影）。

本、台灣、大陸與韓國藝術家創作，等於是眾亞洲藝術家的聯合演出；二〇〇三與二〇〇五的「life/art」闡述對生命的體會，雖然抽象但充滿原創性；二〇〇六「活在都市的ART DECO」，則介紹巴黎、倫敦、紐約等城市的裝飾藝術。每回參觀資生堂畫廊都能得到不少啟發。

資生堂大樓隔壁的THE GINZA，可說是名媛貴婦的天堂。地下一樓的彩妝中心陳列最齊全的各系列化妝品，專業的美容顧問既美麗又親切，即使不消費也能夠得到許多諮詢服務；三至五樓全是歐美進口的高級服裝飾品，保證不容易與人撞衫，以主顧客居多；六樓髮廊HAIR DO與七樓的美容沙龍，只要來這裡一趟，從頭到腳都能煥然一新，體會成為資生堂美人的滋味。

去過東京的國人不少，下次到銀座時，別忘了去資生堂大樓一趟，一口氣就能夠滿足五感需求。

✲ 資生堂大樓
地址：東京都中央區銀座8-8-3
電話：03-3572-3911（FARO）
03-3572-3922（LOUNGE BAR）
03-5537-6241（PARLOUR）
03-5537-6231（CAFÉ）
時間：11:30~（各家打烊時間不等）

✲ L'OSIER
地址：東京都中央區銀座7-5-5
電話：03-3571-6050
時間：午餐12:00~、晚餐18:00~
（週日、節日休）
價位：午餐全套6千至9千日幣，
晚餐全套17000至22000日幣

✲ HOUSE OF SHISEIDO
地址：東京都中央區銀座7-5-5 1＆2F
電話：03-3571-0401
時間：11:00~19:00（週二至週六，週一休館）
11:00~18:00（週日、節日）
門票：免費

✲ THE GINZA
地址：東京都中央區銀座7-8-10
電話：03-3571-7731
時間：12:00~20:00（週一至週六）
11:00~19:00（週日、節日）

以上各點交通相同：搭乘JR山手線至新橋車站，從銀座口步行約5分鐘抵達。

✲ 資生堂企業資料館
地址：靜岡縣掛川市下俣751-1
電話：0537-23-6122
時間：10:00~17:00（週一休館）
門票：免費

a

b

c

d

a.
名媛貴婦的天堂THE GINZA。
b.
彩妝中心提供最齊全的產品與諮詢服務。
c.
歐美進口的高級服飾美不勝收。
d.
HAIR DO髮廊手藝高超。

LAZY SUSAN
描繪幸福人生藍圖の專家。

店名的由來值得玩味。

西化程度深、重視禮尚往來的日本人，大都有贈禮的習慣，尤其是新年、中元節、情人節、耶誕節等幾個東西洋的大節日。因此，販賣高雅精緻禮物的專門店也應運而生。熟悉東京的人都知道，走在東京的大街小巷裡，常可發現許多風格獨具的個性店鋪，而這些個體戶型的店家主人也往往都是品味超群的怪傑。其中LAZY SUSAN就是以禮物店起家的一個優秀品牌代表。路過LAZY SUSAN位於青山地區、歐洲味濃厚的華麗總店時，會感覺其氣勢與國際級精品完全不相上下。

為客人示範美好生活

近十年前第一次在北青山發現LAZY SUSAN時，只覺得這「懶惰的蘇珊」名字取得真特別。後來英文不錯的妹妹告訴我"LAZY SUSAN"其實原意為圓形轉盤，像中華料理的餐桌上，就因為有這個可以不斷轉動的工具，使得每個用餐者夾菜進食變得非常方便。社長春日善和就從這個概念延伸為店名，希望客人來一趟LAZY SUSAN，就能夠買到所有需要的商品。經過這麼多年，LAZY SUSAN品牌格局大幅度擴展，風格轉變得更加精緻高雅，完全反映日本社會現階段的發展，也能夠讓人充分了解日本都會人需要的商品為何。

LAZY SUSAN也進口具設計感的廚房用品。

右頁圖：華麗的青山總店具有國際精品氣勢。

（LAZY SUSAN提供）

LAZY SUSAN以禮物專門店起家。

一九八一年以禮物專門店起家的LAZY SUSAN，隨著光陰流轉不斷拓展企業版圖，如今旗下還涵蓋餐廳、婚紗企劃公司、髮廊、沙龍等，不但每個成員風格鮮明，彼此之間也具有密切的連帶關係。形容這個企業整體氛圍最恰當的字眼，深深覺得就是──幸福（SHIAWASE）。可以說LAZY SUSAN透過人、物與場景之間的交融互動，提供一個邁向美好生活的全方位示範。從兩個人想要攜手共創人生的婚禮為起點，即開始與LAZY SUSAN產生美好的連結；從選購婚戒、美髮化妝理容、宴客聚餐、海外蜜月旅行等每個步驟，到展開新生活中所需的各項物品、平日維繫人際關係的禮物，都可在此尋覓，簡直是個販賣幸福的專門大店。

美學、功能兼具的優質商品

目前LAZY SUSAN在日本全國共有三十五家禮物專門店（其中有九家直營店），香港也有九家店舖，以二十、三十世代消費慾旺盛的女性為主要客層，商品約百分之十從海外進口，其餘都是自行開發設計或採購自日本國內廠商的優質產品。商品少說有幾百種，每季會根據社會趨勢或消費者需求企劃行銷商品主題。由於在美國、亞洲皆設有海外事業處，能得到各種一手情報與新訊息，使LAZY SUSAN商品擁有非常原創性的設計。LAZY

青山總店二樓的手錶、飾品等精品選擇豐富。

SUSAN的創意常讓我玩味再三，嘆服原來美學與功能兩者可以如此巧妙地結合。而嶄新的店鋪陳列，也充分突顯LAZY SUSAN的獨特個性，讓人深深明瞭在國際精品齊聚的日本，從本土發展茁壯的LAZY SUSAN之所以勝出的道理何在。

a. 高雅的青山總店由建築師小泉博隆設計。

b. LAZY SUSAN店內陳列賞心悅目。

c. 瓷器造型佳、品質優。

d. 準新娘看到LAZY SUSAN商品一定滿意。

e. 要選擇結婚回禮來LAZY SUSAN準沒錯。

因為日本人收結婚禮之後有回贈客人禮物的習慣，因此青山總店二樓一角特別規劃為婚禮用品專區，包括瓷器、玻璃杯、餐具、花器等，無論和風或西式，不但實用又充滿夢幻美感，宛如幸福指標的逸品，每一樣都是作為回禮（日文叫做「引出物」）的理想選擇。只是遠道而來的我，對這些美麗的易碎品就只好純欣賞了。

深具精品質感的飾品。
（LAZY SUSAN提供）

LAZY SUSAN店內觸目所及盡是深具設計感的商品，在這裡領略創意源頭本身就是一大樂趣。舉例來說，一款S造型的木製相框，打破了常見的規則方形，讓人看一眼就忍不住把玩起來，鑲嵌的照片還可以自由旋轉，為單一的展示功能增添了更多樂趣。還有一組皮製的置物盤，不但色澤柔和、觸感極佳，可以將鑰匙、飾品或文具等容易散亂的小東西分門別類擺放在一起，既整齊又美觀，底部連結的豹、豬或河馬頭上還可掛眼鏡，造型生動活潑。此外，有一副撲克牌每張牌都介紹一款雞尾酒的調製配方，買來送給喜歡品酒的朋友再適合不過。而自行設計的飾品系列，包含典雅、華麗、童趣等不同風格，更極具精品的質感。

限定販賣或促銷策略的功效

日本由於情報變化快速，商品的新陳代謝相對地也快，這就苦了商家，必須常常推出短時間限量販賣的商品，或者透過促銷策略以增添商品附加價值。新鮮感是不斷吸引消費者上門的要訣之一，LAZY SUSAN這方面相當在行，原本自行開發的商品就是樣式多數量少，再不定時結合海外進口商品，如西雅圖的chef'n雜貨、紐約跳蚤市場的VINTAGE系列、OREGON的時鐘系列等，這些設計感與實用性兼具的商品更加強化LAZY SUSAN的陣容，共同營造出豐富多元的色彩。

a. 皮製的置物盤。
b. 有趣的雞尾酒撲克牌。
c. S型相框設計極具創意。

汐留haruno藏身於天井超高、採光又強的現代建築物當中。（LAZY SUSAN提供）

LAZY SUSAN自二〇〇四年起特別邀請來自韓國的風水大師、同時也是暢銷書作家的李家幽竹女士，規劃出一系列改變運勢的商品。二〇〇五年十一月起更一連舉行三個月風水幸運物品展，例如可增加陽氣的水晶鏡、讓事情進展順利的魚造型物品等。由於LAZY SUSAN的商品本就非常優雅細緻，在改運主張的美妙加持之下，推出以後反應良好。還有與音樂家葉加瀨太郎合作開發的商品如手錶、別針等，融合夏卡爾、畢卡索、馬諦斯風格的個性繪圖，也讓人眼睛一亮，吸引不少客人收藏。

新式和食的美味提案

美好生活中少不了要品味美食，LAZY SUSAN經營的風格餐廳haruno表參道店與汐留店兩家菜色融合日、義、法等國風味的精華，不僅反映日本這幾年最流行的餐飲趨勢，也充分展現LAZY SUSAN捕捉時代潮流的敏銳創意。我非常喜歡位於知名新開發地區汐留的haruno，它藏身於天井超高、採光又強的現代建築物當

心型飾品盒。

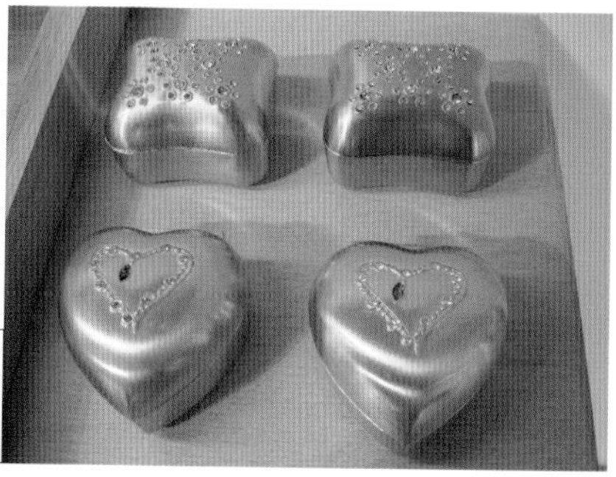

水晶鏡可增加陽性能量。（LAZY SUSAN提供）

a. haruno鳥居坂店具有中華料理的特色。（LAZY SUSAN提供）

b. 商業午餐的薄片牛肉。

c. 大青蔥與海帶蒸鱈場蟹。

d. haruno餐廳汐留店內隱密性高的個室。

中，一來到這裡，任何人都會立刻感到心曠神怡。這個時髦雅緻的餐飲空間，由設計LAZY SUSAN店鋪的建築師小泉博隆負責，整體洋溢洗練成熟的氣息，上門的客人多是紳士淑女。

令人意外的是，高級感十足的haruno汐留店商業午餐才一千多日幣。一道主菜加上沙拉、湯、醬菜的組合吃來七分飽，對附近許多上班族來說是很理想的選擇。我曾經在這裡嘗過三種感覺不錯的主菜：淺煎的半熟薄片牛肉，柔嫩又甘美，即使不習慣吃紅肉的人也無法抗拒；還有一款納豆結合高麗菜、小黃瓜、紅黃椒、番茄等多樣蔬菜的創意菜餚，吃起來清爽又健康，一改原本我對納豆臭味、難以入口的刻板印象；而小火煎的銀鱈魚份量足、肉質細緻滑嫩，中餐時享用感覺相當豐盛。

VIA QUADRONNO餐廳受年輕人歡迎。

而haruno在六本木地區的鳥居坂店，則充滿沈穩華麗的宴會感，料理乃吸取四川、廣東、上海與北京等地方料理的特色，以海鮮與當令蔬菜為主要素材，用生、烤、蒸、煮等手法，烹調出新風貌的和式菜餚。我有幸被招待到此用餐，品嘗的料理中有兩道主菜，至今回想起來依然垂涎欲滴：一道是用日本特有的大青蔥與海帶蒸鱈場蟹，充分保留肥美蟹肉的原味，而且用少見的橢圓型白盤盛裝，更增添幾分美感；另一道是蘆筍、紅椒、豌豆炒花枝、魚片，在台北雖有吃過類似的料理，但由於haruno的食材非常新鮮，口味令人難忘。

同樣由LAZY SUSAN所經營的VIA QUADRONNO餐廳，供應的是義大利簡餐，通心麵、披薩等都做得很道地，價格也公道。我去過與北青山總店緊鄰的分店，舉目所及幾乎都是年輕人，另外在汐留、丸之內還各有一家分店，是輕鬆的聚會場所。

引領至幸福與美麗之路

對西方世界特別憧憬崇拜的日本人，許多年前就流行到海外舉行婚禮。成立約兩年的LAZY SUSAN婚紗企劃公司，可以安排準新人到紐西蘭、澳洲、夏威夷、關島、塞班、紐約、洛杉磯等地舉行浪漫的海外婚禮。春暖花開的時節生意最好，客人多是三十五到四十多歲的男女。手頭較不寬裕的人若想圓這樣的美夢，也可以最低消費額五十萬日幣進行一場簡約精緻的婚禮。

BEAUTRIUM髮廊原宿店設計別緻。
（LAZY SUSAN提供）

同樣隸屬於LAZY SUSAN的BEAUTRIUM髮廊，全國共有十家分店。其中花費巨資打造的原宿店，尤其是一處傳達美的殿堂，佔地廣、天井高，客人置身其中感覺有如貴賓，設計師個個是美感卓越的達人，從髮型、化妝到指甲，都可透過這些深諳美麗奧秘的專業人士為自己好好打造一番，來一個美麗大變身。

LAZY SUSAN如此多變又融合巧妙，實在令人深深嚮往！

✻ LAZY SUSAN青山總店

地址：東京都港區北青山3-3-11 1&2樓
電話：03-3403-9546
營業時間：11:00~20:00（不定期休）
交通：從涉谷搭乘地下鐵銀座線或半藏門線至表參道車站，由A3出口步行約10分鐘抵達。

✻ haruno汐留店

地址：東京都港區東新橋1-8-2 CARETTA汐留C-2F
電話：03-5537-2280
營業時間：11:30~15:00＆17:00~24:00（週一～週五）
11:30~24:00（週六）
11:30~22:30（週日、節日）
交通：從新宿搭乘大江戶線至汐留車站，由出口步行約1分鐘抵達。

✻ haruno鳥居坂店

地址：東京都港區六本木5-16-47 HOUSE 5302 1F
電話：03-3568-2755
營業時間：11:30~14:30、17:30~23:30（週日、節日休）
交通：從惠比壽搭乘地下鐵日比谷線至六本木車站，由B4出口步行約10分鐘抵達。

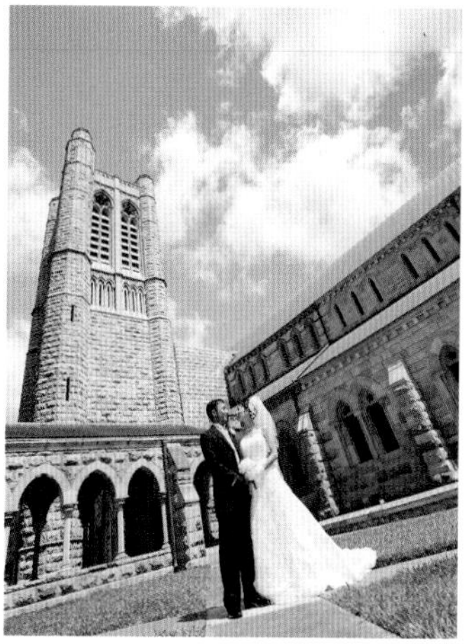

夏威夷歐胡島是舉行海外婚禮的熱門地區。
（LAZY SUSAN提供）

BEAMS
時尚指標的發信先驅。

（BEAMS提供）

說起打扮外表的講究精神與專精程度，日本人在亞洲子民裡可說是數一數二。別以電車上看到的西裝領帶上班族或套裝粉領族為標準，那是任職商社的必要裝扮，要在假日到人潮川流不息的銀座、新宿、原宿等街上仔細觀察，才會看到許多穿著別具風格的達人。時尚雜誌如果製作街頭流行專題，少不了要採訪這些美學觸角敏銳的時尚高手。光欣賞其深具創意的外型就可以激發出許多搭配靈感。供需之間相互刺激之下，日本至今誕生的本土品牌相當多，也造就出發達的時尚產業，使得東京很早就與巴黎、米蘭和紐約並列世界四大時尚之都。其中BEAMS就是日本時尚產業中包辦男性裝扮起家、女性服飾也發展出色的領導品牌。

精選複合式店鋪的先驅

九〇年代後半日本零售業習以為常的精選複合式店鋪（SELECT SHOP），在台灣也相當盛行，其實這種集結數個品牌、強化並豐富陣容的商店型態，正是由BEAMS所創。社長設樂洋從最初一間直接從美國採購商品的精緻小店，慢慢擴大規模至全日本皆有的版圖，由於路線與什麼都有的百貨公司截然不同，且深具領導潮流的色彩，BEAMS立刻成為媒體非常熱愛的指標品牌。

BEAMS是日本時尚業界的領導品牌。

一九七六年設立的BEAMS深具國際視野，以其精準獨到的眼光為消費者提供最佳的穿著示範。自詡為視覺市場（VISION MARKETING）的店鋪，在變動劇烈的新世紀裡，不斷地探索下一個主流、挖掘消費者的新需求，隨時透過各類服飾、物品傳達概念並建立自身個性。在資訊、情報爆炸的今日，BEAMS這處流行發信中心多年來形成的文化蘊含豐富創意，對廣大粉絲來說有如創造優質生活的聖經，也造就出BEAMS在業界屹立不搖的地位。

a.
精選複合式店鋪為BEAMS所創。

b.
BEAMS是擁有豐富創意文化的發信中心。

BEAMS已進軍香港。

本質與旬並重的全系列品牌

經營事業腳步踏實穩定的BEAMS，目前全日本共有八十家分店（直營店約佔三分之二），由於始終瞄準本土發展，二〇〇五年才將事業版圖擴展至海外，在香港成立了兩家分店。一直很佩服日本企業為了走在時代尖端，總是花費財力與心思深入西方世界，BEAMS更是箇中翹楚。BEAMS在美、英、法、義等國皆聘有專業高手，以便隨時吸收西方第一手的流行資訊，再彙總到設計源頭的東京本部。長期以來，BEAMS就是一面反映時代潮流的鏡子。

BEAMS自行設計、開發的商品比重大於歐美進口部份，標榜BASIC & EXCITING，保持「本質」與「旬」兩大基本原則，也就是核心價值與時代流行性並重。旗下包含全系列男女上班服飾配件的BEAMS HOUSE、美式風格休閒服飾的BEAMS+、年輕男孩園地的BEAMS BOY、創意T恤的BEAMS T、帥氣街頭風的BEAMS STREET、訂做制服的UNIFORM CIRCUS BEAMS、傢俱生活用品的BEAMS MODERN LIVING、飾品配件雜貨的BEAMS bPr、音樂事業的BEAMS RECORDS、咖啡屋TIME CAFÉ，以及適合挖寶的BEAMS OUTLET等，每一份子都各具特色，一起為BEAMS建構最具流行指標的風格。

紳士淑女最愛眷顧BEAMS HOUSE。

以年輕男孩為目標族群的BEAMS BOY。（BEAMS提供）

由商圈屬性安置不同型態店鋪

BEAMS擁有如此風格多元豐富的店鋪，即為複合店的極大解構化，正是多年來征戰全國各個不同商圈、配置不同商品組合的發展結果。BEAMS非常懂得提供目標族群夢想，以東京都來說，位於新興人氣地區丸之內的華麗旗艦店——BEAMS HOUSE，挑高的空間設計創造了一種無與倫比的解放感，從二〇〇二年九月開幕以來，就是紳士淑女的最愛。這家店的上班族服飾款式特別齊全且正式。BEAMS此種規模的旗艦店在全日本各大都市共約有二十間，其引進商品或陳列方式常是同業仿效的基準。至於BEAMS MODERN LIVING，則是以今日都市居民為對象，販賣的傢俱、生活用品不僅設計感與功能性兼具，也擁有讓同業跟進的影響力。

BEAMS SHIBUYA新近改裝完成。（BEAMS提供）

而二〇〇六年大手筆改裝的BEAMS SHIBUYA，集結男女服飾、BOY系列、雜貨與咖啡屋，散發出煥然一新的氣息。由於正逢BEAMS創業三十年，對BEAMS來說別具意義。BEAMS T專門販賣T恤，卻不是一間普通的商店，它是藝術家的舞台，特別開放給對設計有興趣的新人，只要所繪圖案或設計被認可，就有成為商品的機會。多年來不少富原創性的T恤在這裡推出，並深獲消費者喜愛。我曾經在這裡買到一件浮世繪圖案的短袖T恤，既古典又現代。可惜還沒穿過就不慎遺失，想再買卻已沒貨。

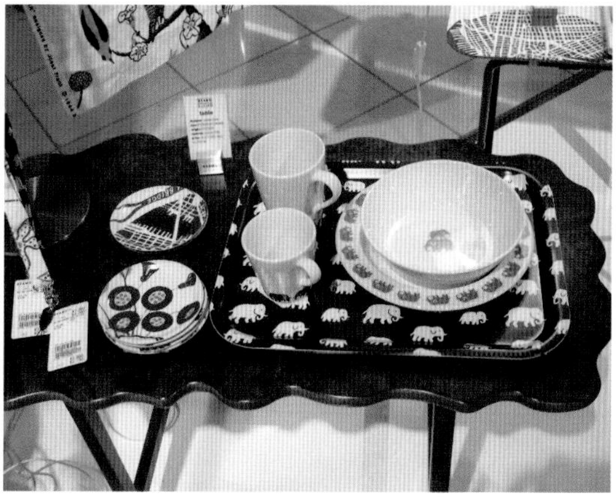
BEAMS MODERN LIVING
傢俱生活用品高雅細緻。

BEAMS HOUSE為旗艦店。（BEAMS提供）

藝術行銷為形象加分

集團裡的BEAMS RECORDS為音樂專門店，販賣許多獨家引進的CD，是許多音樂人經常到訪之處。本身亦經營畫廊B GALLERY的BEAMS，更是種子藝術家的重要搖籃，平均一、二個月就推出一次作品展，多年來讓許多潛力十足的畫家、雕塑家、攝影家、裝置藝術家嶄露頭角，充分開展了自己的多彩人生，對BEAMS的形象也有加分作用。二〇〇六年三月中起BEAMS創辦了屬於自己的季刊《B》，自我定位為流行實驗室。有了這本血統純正的發聲誌，未來肯定將繼續影響時尚族群的脈動，BEAMS流行發信中心也將留下更明確的時代軌跡。

向來熱衷支持各項音樂活動的BEAMS，二〇〇五年七月底一連三天以贊助者身份在新潟縣苗場滑雪場舉行第九屆的「FUJI ROCK FESTIVAL 05'」戶外大型音樂祭。基於環保理念，以無垃圾污染為目標，舉辦藉由太陽光、水力、風力等天然能源推動的音樂祭，達到音樂與大自然完全共生的目的。以往每

BEAMS T的T恤原創性極強。（BEAMS提供）

a. BEAMS MODERN LIVING商品設計感、功能兼具。

b. BEAMS HOUSE以上班、宴會等正式服飾為主。

c. 內容男女各半、屬於BEAMS的雜誌《B》終於誕生。（BEAMS提供）

年不分海內外總有十萬人以上的聽眾共襄盛舉。BEAMS承諾今後將繼續與TOWER RECORDS結伴作為NEW POWER GEAR TEAM，共同舉行此類愛護地球的活動。

優良產品才經得起時間考驗

耕耘多年所培養的忠實顧客，自然而然會帶著下一代到BEAMS消費。我認識一位喜歡穿BEAMS西裝的大商社長輩，據他表示BEAMS的做工細緻，衣服穿起來很舒適。他在兒子大學畢業時，特別買了一套BEAMS的西裝作為兒子的畢業禮物。品牌與消費者一起成長的典範莫過於此。由於BEAMS採購人員眼光深獲顧客讚賞，其中還有人成為媒體寵兒，意外吸引許多粉絲以進入BEAMS為職志。

在商品樣貌與消費形態汰舊換新速度愈來愈快的二十一世紀，「設計」對企業經營成功與否佔有舉足輕重的地位。創意更是優良設計的根本，只懂跟風、複製的企業經不起時間考驗。BEAMS多年來透過各類優秀的商品與消費者溝通，定位、風格明確的BEAMS在同業中始終是開創流行、引領潮流的傑出品牌，二

a. 這台手工打造的腳踏車價值十幾萬日幣。

b. BEAMS西裝深具國際精品的質感。

〇〇五年並獲得日本DESIGN & BUSINESS FORUM協會頒發「設計卓越公司」獎，肯定創業三十週年的BEAMS通透設計精髓。

凡事日益講求個人風格的今天，穿著打扮已成為自我表現的方式之一，深獲日本年輕與中年世代認同的BEAMS，商品超越國界與時代性，讓人穿得舒適又能秀出品味。要了解東京最具代表性的流行時尚，前往BEAMS準沒錯。

LOGO圍繞地球的三個圓共代表三十年。
（BEAMS提供）

✻ BEAMS HOUSE

地址：東京都千代田區丸之內2-4-1 丸building 1F
電話：03-5220-8686
營業時間：11:00~21:00（週一至週五、假日前日）
11:00~20:00（週日＆節日）
交通：搭乘JR山手線至東京車站。

✻ BEAMS SHIBUYA

地址：東京都涉谷區神南1-15-1
電話：03-3780-5500
營業時間：11:00~20:00（不定期休）
交通：搭乘JR山手線至涉谷車站。

✻ BEAMS JAPAN

地址：東京都新宿區新宿3-32-6
電話：03-5368-7300
營業時間：11:00~20:00（不定期休）
交通：搭乘JR山手線至新宿車站。

TOMORROWLAND

眺望未來的理想時尚園地。

日本的時尚發展具有循序漸進的系統，每個世代有很明顯的特徵。以有消費能力、講究裝扮的成年族群來說，屬於嬰兒潮誕生的團塊世代是較無選擇的一群；四十世代後半至五十出頭是崇尚設計師風格的世代，那時歐美時尚潮流開始入侵，帶給日本許多衝擊與刺激；四十世代前半屬於被豐富情報滋養長大的族群，此時期大量時尚雜誌紛紛出現，消費者擁有旺盛的消費慾望；再來是普遍在乎活出自身特色、所謂定番（不可或缺的基本款）志向強的三十世代；以及由大頭貼伴隨成長、歷經涉谷辣妹或純情校園風格的二十世代。大部分的時尚雜誌都以差距五至十歲為區隔，幾十年來淹滅在日本時尚潮流裡的店家不知有多少。第一家直營店設在東京自由之丘、走過近三十個年頭的TOMORROWLAND，等於見證了時代的變化，又始終充滿眺望未來的精神，是個值得探索的理想時尚園地。

創造品牌文化勝於追求流行

一九七八年創業的TOMORROWLAND，非常著重於取得商品、服務與店鋪之間的平衡。引進海外商品時，並非原封不動地採購來販賣就好，會以TOMORROWLAND獨有的"FILTER"方式過濾，準確地聚焦在顧客的喜好上。多年由此焠鍊出來的菁華，累積成企業的核心價值。TOMORROWLAND目前男女裝比重約四比六，儘管進口的服裝品牌不少，但彼此之間差異化明顯，以旗下幾個人氣女裝牌子來說，GALERIE VIE、MACPHEE洋溢著清新

TOMORROWLAND是個懂得眺望未來的時尚園地。

灑脫的氣質，很適合大學女生或初入社會的粉領族休閒時穿著；而BALLSEY的洗練優雅，是上班、參加晚宴等正式場合的最佳選擇；DES PRÉS的風格則處於兩者之間。

雖然時尚瞬息萬變，TOMORROWLAND卻很清楚一味追求流行並非長久之計，必須創造品牌風格鮮明的文化，並且不時地捨棄掉不合時宜的部分、建立新的內涵，保持一種進化的態度，才能日積月累鞏固品牌資產的深度與厚度，在牢牢地抓老顧

a. TOMORROWLAND以女裝起家。

b. 在TOMORROWLAND加持下，女性變得優雅迷人。

客之餘又能增加新客層。MAISON GALERIE VIE即為TOMORROWLAND剛成立的新形態店鋪，概念是以優質素材與簡約設計來表現自我，為包含服飾、生活用品與咖啡屋的LIFE STYLE大店。我的一位日本好友從大學時代起就是TOMORROWLAND的忠實信徒，出社會後進入廣告業，十多年來已成為優秀女主管的她，還是習慣穿TOMORROWLAND的服飾。她每隔一段時間會淘汰掉一些不合時宜的舊款式，再買進TOMORROWLAND適合職場的新裝，彼此之間仍然能夠互相搭配得很有味道，讓她擁有「自己流」的風格而備受讚美。

a.
TOMORROWLAND旗下有許多人氣女性品牌。
b.
TOMORROWLAND重視創造品牌文化。
c.
培養「自己流」美學需要時間累積。

MAISON GALERIE VIE為因應時代需求的新型態店鋪。
（TOMORROWLAND提供）

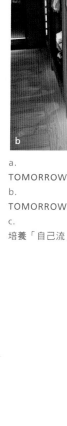

處於濃縮品牌密度時期

目前TOMORROWLAND全日本約有一百三十間分店，走過迅速展店的奠基階段，這幾年面臨的課題是濃縮品牌密度，更加提高TOMORROWLAND的層次感。重新檢視自身之後，在東京、大阪、京都、神戶、福岡、仙台等重點都市都成立了旗艦店，以作為TOMORROWLAND的發信基地。這些佔地寬廣的店鋪內，除了主體的服飾以外，還包含各類配件、飾品、香水、家具、雜貨、文具等，全系列的商品可以一次購足。一進入其中的確能感受到一股欣欣向榮的強大生命力，讓人流連忘返。TOMORROWLAND也大刀闊斧地關閉了一些既存的老舊店鋪或予以再生，企業革新求變的魄力，令人佩服。

a.
涉谷旗艦店外觀具高質感。
b.
各大都市的旗艦店為TOMORROWLAND的發信中心。
c.
旗艦店可買得到雅緻的文具用品。

由於深刻體認現階段任務，TOMORROWLAND不會陷入只要業績好就滿意的表象迷思。現在投注大量金錢、時間與精力整頓店鋪，延續並保有美好過去的精神，期許自己繼續創造出讓客人感動與驚喜的商品，以迎接更燦爛光明的未來。永遠將眼光放遠一步的TOMORROWLAND，十足呼應意為「明日園地」這個名稱。曾經在東京都內的巷弄裡逛過一些TOMORROWLAND的店鋪，有的小巧袖珍到只有五、六坪，今年特地前往找尋卻已消失無蹤，可以感受到TOMORROWLAND縮減密度的決心。而從其豪華氣派的旗艦店看來，強化其發信中心角色的姿態也非常明顯。

a.
高級氣派的涉谷旗艦店。
b.
TOMORROWLAND現處於濃縮品牌密度階段。
c.
TOMORROWLAND除了美麗，眼光也深遠。

有露天座位的CAFÉ CABANON很受年輕人歡迎。

京都TOMORROWLAND Salon de thé販賣簡餐。
（TOMORROWLAND提供）

個性化的餐飲空間

TOMORROWLAND除了服飾本業，也活用其感性纖細的SENSE發展到餐飲業。旗下包括三間咖啡屋：Terrace GALERIE VIE、CAFÉ CABANON（附設麵包店PANYA des prés）、DES PRÉS CAFÉ（在岡山縣）、簡式餐廳TOMORROWLAND Salon de thé（在京都）、湯吧FIFTY-FOUR SOUP BAR與高級酒吧的PILGRIM 19TH CLUB等。重質不重量

a.
令人放鬆的高級酒吧PILGRIM 19TH CLUB。
b.
FIFTY-FOUR SOUP BAR販賣很多種美味的湯。
（以上TOMORROWLAND提供）

的經營方針，使得每個空間都擁有獨特的個性，共同建構出TOMORROWLAND繽紛多元的形象。

TOMORROWLAND經營咖啡屋主要是為了提高品牌的附加價值，並無大量展店計畫，多年來始終是時尚族群的熱門聚會場所。每次到自由之丘的CAFÉ CABANON，由於這個地區沒有空氣污染的問題，我總習慣挑露天座位好好放鬆心情。以賣湯品為主的湯吧曾走過流行高峰，目前位於橫濱的FIFTY-FOUR SOUP BAR，也成為一家穩定的常態店鋪。對日本人來說，即使是簡單的餐飲內容也有市場，其存在與豪華餐廳一樣不可或缺。在這裡喝過一種混合八種蔬菜的美味湯，回台以後便成為我常煮的拿手湯。而走成熟男女路線的PILGRIM 19TH CLUB，名稱蘊含一個有趣的插曲，它原本是TOMORROWLAND二十年前經營的一個品牌，這個英國古典風格的高爾夫服飾雖然成為過去，但由於名稱很符合打完十八桿球之後休息場所的形象，所以就沿用下來。現在這個高級酒吧也成為夜貓族的最愛。

贊助法國映畫祭的標籤設計。
（TOMORROWLAND提供）

醉心贊助藝文活動

TOMORROWLAND對歐洲情有獨鍾，除了進口商品來源以歐洲佔大多數（其中法國、義大利更是多年來堅持的主軸），更連續十年贊助法國映畫祭（電影節）。每年活動期間全國各店鋪會販賣限定商品如T恤、絲巾、徽章等，並配合相關宣傳事宜，咖啡屋、餐廳與湯吧也會推出特別菜單，為TOMORROWLAND增添不少文化氣息。我向來對法國充滿憧憬，也有幾位與法國特別有緣的朋友，不禁對TOMORROWLAND又多了幾分好感。

由於TOMORROWLAND深刻體認活動連結文化的意義，從一九九七年即贊助源自義大利的古典車賽LA FESTA MILLE MIGLIA。像二〇〇五年跨越全日本一都八縣的車行路線，乃從東京原宿

TOMORROWLAND贊助古典車賽多年。
（TOMORROWLAND提供）

出發，經過一百個城鎮再回到會場橫濱元町。連續四天上百輛美麗昂貴的古董車徐徐前進，有別於激烈危險的F1賽車，浩蕩的陣勢吸引眾多人群圍觀。出場者身著有TOMORROWLAND字樣的夾克參賽，不但達到品牌最佳的宣傳效果，也讓大家有機會見識到稀罕的古董車，思考珍惜尊重傳統的深意。

TOMORROWLAND除了傳達讓人美麗的訊息，細究這個品牌背後的歷史文化，也能帶來不少啟發。

✻ TOMORROWLAND旗艦店

地址：東京都涉谷區涉谷1-23-16 PICASSO347 1F&B1
電話：03-5774-1711
營業時間：11:00~20:00（不定期休）
交通：從東京搭乘JR山手線至涉谷車站，
步出宮益坂口，過馬路沿右邊約走5分鐘
抵達。

✻ Terrace GALERIE VIE

地址：東京都港區南青山3-18-9 2F
電話：03-3423-8431
營業時間：11:00~20:00（不定期休）
交通：從涉谷搭乘地下鐵銀座線或半藏門線至
表參道車站。

✻ CAFÉ CABANON

地址：東京都目黑區自由之丘2-16-10 MAPLE FARM
電話：03-3724-7990
營業時間：11:00~20:00
（午餐：週一～週五11:30~14:00
週六＆週日11:30~15:00，不定期休）
交通：從東京搭乘JR山手線至涉谷車站，
再轉搭東急東橫線至自由之丘車站。

✻ FIFTY-FOUR SOUP BAR

地址：橫濱市西區港未來
（MINATOMIRAI）2-3-2 QUEEN'S EAST 3F
電話：045-682-2570
營業時間：11:00~20:00（午餐11:30~15:00，不定期休）
交通：從東京搭乘JR京濱東北線至橫濱車站，
再轉搭線至車站。

✻ PILGRIM 19TH CLUB

地址：橫濱市中區弁天通5-70 B1
電話：045-201-7351
營業時間：17:00~25:00（週一～週五）
17:00~24:00（週六）（週日、節日休）

丸井

年輕世代熱愛的百貨區隔高手。

對比於台灣百貨公司由新光三越、SOGO兩大龍頭領導獨佔，社會已達高度開發的日本百貨業，早已走過一段同質性極高的時期，進入更多元精緻的階段，台灣業者常常前去取經。要在競爭激烈的日本百貨業佔有一席之地，清楚的定位風格為成功之鑰，所以存活下來的每家百貨公司，都擁有各其生存空間，其中丸井（MARUI，以好記的01為代稱）是最受年輕世代熱愛的百貨區隔高手。

分眾、差異化加上市場策略

綜觀百花齊放的日本零售業發展不僅有趣，也常可預測出台灣未來的腳步。常覺得分析日本的消費市場，要以一種先線性切割、再自由組合的邏輯，個人習慣是先抓出某個行業如女裝、休閒鞋的架構，歸納出其通路在哪兒，再了解其中的元素（即商品組合）。在大財團經營的連鎖店與個人的小店之間，依業種可區分出三至五層，只要業者掌握明確的分眾區隔與差異化之道，即使品牌不見得能夠快速擴展市場版圖，但一定抓得住某一群目標顧客，可以好好鞏固之後再求開發潛在客層；如果心急貪多漫天撒大網，反而會落得焦點模糊無法深耕客層。丸井的目標族群便集中在二十世代的年輕人。

洋溢青春氣息的01YOUNG。（丸井提供）

d

a

b

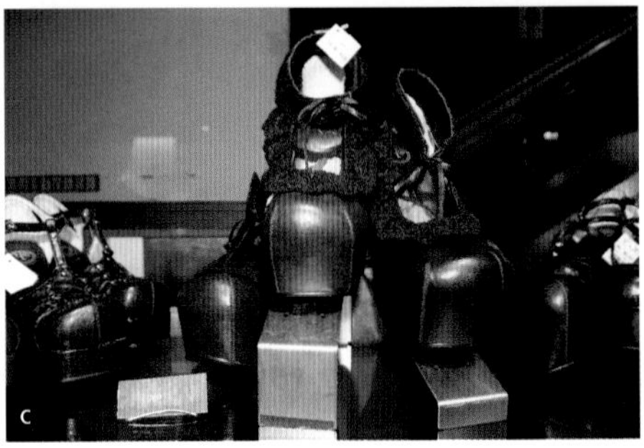
c

走過泡沫經濟時期，這幾年日本的景氣稍微復甦，不過各類店鋪開開關關的情況仍然屢見不鮮。百貨公司本來為大房東般的通路角色，廣義來說即是一個品牌，各家為了創造出自身的特色，每兩三年就必須檢視調整體質，以符合變化多端的消費市場，祭出的手段諸如更嚴格篩選入駐樓層廠商、花大錢更新改裝賣場、異業結盟或戮力經營自身引進的新品牌等策略，目標無非是要抓住消費者的心。例如丸井的一個自營女性複合品牌STUDIO 01，二〇〇五年曾創下泳衣銷售全日本第一的佳績，顯示其掌握市場的眼光相當準確。

a.
丸井對培養忠誠顧客有一套。

b.
丸井商品新穎變化多。

c.
丸井客層集中在20世代的年輕人。

d.
01 CITY商品最適合上班族。

各司其職的強力體系

走過七十幾個年頭，丸井目前在全日本攻佔了二十九個城鎮（新宿五個館、涉谷兩個館）。為了配合時代脈動、更加貼近消費者需求，丸井將旗下的百貨公司拆解再建構，如今各個01成員區隔明確，與目標族群更順暢深入地溝通，包括年輕女孩走向的01YOUNG（包含風格不同的01ONE）、以上班族為目標的01CITY、男性服飾用品的

STUDIO 01曾創下泳裝銷售全日本第一。

改裝賣場所費不貲。

b. 丸井（01）是日本百貨界區隔高手。（丸井提供）

c. 熱愛運動者會覺得FIELD宛如天堂。

a. 著重於情報發信力的01JAM。（丸井提供）

01MEN、全客層的01FAMILY、休閒運動服飾用品的FIELD與極致化、情報發信力強的01JAM等，體系內每一份子各攻擅長領域，整合起來通吃一塊市場大餅，如此做法與其他百貨公司明顯不同，在業界堪稱一絕。

丸井對培養忠誠顧客考慮得長久深遠，並不只圖一時生意興隆；丸井先以01YOUNG擄獲十幾歲少女的心，隔幾年主顧客個個成為上班族，就容易繼續眷顧01CITY，彼此之間具有一同成長的連帶關係。由於目前台灣尚無男性百貨公司，01MEN讓我觀察起來特別興致盎然。從男性時尚雜誌日漸增加這點看來，相信屬於台灣男性的消費園地未來終將出現。而FIELD也讓人見識到專門店的魅力，幾乎各類休閒運動迷所需衣物皆有，甚至包括瑜珈方面的服飾用品，尋找起來實在快速又便利。丸井這些專門館裡的商品種類皆既廣又深，讓目標客層能夠一次購足。

a

商品與服務並重的天平兩端

日本的百貨公司幾乎旗下都有自營品牌，而且比例愈來愈高，因為與其開放黃金地區給外來專櫃，倒不如把好位置留給自己，在品質控制、經營管理上更容易使力。丸井的自營品牌約佔總營業額一半，例如室內家飾的in The ROOM、紳士西裝的VISARUNO、L尺寸的女性服裝01 MODEL、牛仔裝的ru jeans、飾品的Jour en Jour等，都是風評佳、業績也不錯的自營品牌。除了實體通路外，丸井還透過台灣百貨公司未採行的網路店鋪、郵購（Voi）等通路提高營業額，全面性攻佔各種交易機會。

b

a. 男性可在01MEN一次購足所需物品，台灣未來出現男性百貨公司的機率頗高。

b. 01ONE風格青春俏麗。

c. 具身心癒療效果的瑜珈在日本很流行。

c

a.
個頭大的女性可到01 MODEL選購。

b.
VISARUNO西裝具有國際精品的質感。

c.
丸井百貨的商品品質優良。

in The ROOM是丸井最成功的一個自營品牌。

丸井除了商品品質沒話說，貼心滿意的服務更是無可取代的附加價值。相信自從日系百貨登陸台灣以來，大家都已經習慣其以客為尊的待客之道，連帶地各行各業也跟進學習，如今晚娘面孔的銷售人員已不多見。不過回想起二十幾年前初次去日本，購物時售貨員極親切的態度讓我非常驚訝。我曾經有過在丸井試穿多件衣服、卻沒有一件中意的經驗，記得當時店員小姐居然很誠摯地道歉表示無法滿足我的需求。此外，打烊時全體店員還會九十度鞠躬，以深深表達對客人的謝意。這種源自謙遜民族性的接客（零售業專有名詞，唸做SEKKYAKU，即接待客人之意，與我們中文的意思大不相同）哲學，其實正是日本百貨業成功的根本。

自營商品裡的成功範例

提到丸井的自營品牌，in The ROOM是最成功的一個範例，甚至走出百貨公司另闢一整棟賣場，成為室內家飾業的閃亮指標。in The ROOM三個英文單字，既好記又很容易聯想到產業性質，無論是客廳、廚房、餐廳、臥室或工作室等任何一個ROOM，都有變換內部物品的需要。一個品牌的成功，不僅與品質、行銷、通路、價格等因素有關，命名也是不能輕忽的大事！in The ROOM是鎖定都會族的室內家飾品牌，還包含一個雜貨、窗簾等配件的副牌ESSENCE，兩者共同營造出理想的家居生活；商品包含進口與本土，重視機能與素材質感，不崇尚過於華麗的修飾，線條簡單卻極有格調，價位平均比國人喜歡的瑞典傢俱IKEA稍微高一些。

由於日本一般的居住空間普遍不寬敞，如果不懂得收納裝飾之道，屋內很容易亂七八糟。在這樣的需求刺激之下，不僅家具店為數眾多，美化家庭、室內裝潢的雜誌也琳琅滿目，還有經常教人如何整修、佈置家居的電視節目。相較於同樣是島國的台灣，日本這方面的發展確實更為先進細膩。常去in The ROOM走走，可以得到許多搭配創意上的啟發，吸收陳列佈置的美學概念。in The ROOM目前維持十幾家分店，大部分與丸井百貨結合在一

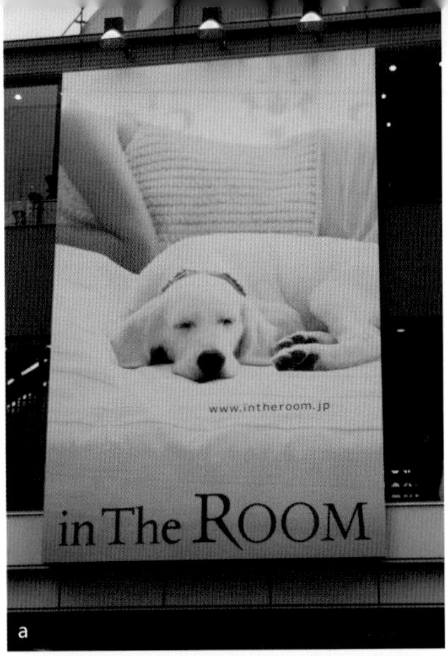

a.
in The ROOM吸引熱愛居家的年輕世代。

b.
即使一個燈具也能夠改變居住者的心情。

c.
in The ROOM新宿旗艦店有各種空間的陳列提案。

in The ROOM重視機能與素材質感。

起。要窺得in The ROOM的完整面貌，務必到新宿的旗艦店，整棟建築物從地下一樓到三樓，分別示範各種不同空間的理想陳設，要單買任何一樣商品或整組包下都行。時尚設計界這幾年講求MIX & MATCH的概念，家居擺設也可以如此延伸。環境影響一個人的心情甚鉅，即使沒辦法隨便變換住處，有時候只是改變一下傢俱的擺設位置，或者換個燈具或椅子，也能創造出截然不同的氛圍。

丸井就是如此豐富多元又生機蓬勃，縱使早已過了二十啷噹歲，每次到日本，我依然喜歡去沾染那份年輕的氣息。

✻ 01YOUNG、01CITY、01MEN、FIELD、in The ROOM
地址：東京都新宿區新宿3丁目
電話：03-3354-0101
營業時間：11:00~21:00
（FIELD、in The ROOM ~20:00）
交通：搭乘JR山手線至新宿車站。

✻ 01JAM
地址：東京都涉谷區神南1-21-3
電話：03-3464-0101
營業時間：11:00~21:00
交通：搭乘JR山手線至涉谷車站。

2

美味老饕篇

日本的飲食文化發展多元又細緻，
這幾個品牌皆具有幾十年、甚至幾百年的悠久歷史，
不僅產品美味，其發展出的精神、面貌，
也足以令人玩味再三。

虎屋
正港的和果子老鋪。

從一個國家有哪些產業發達，可以看出其民族性的特長與需要。從分布日本各地的眾多和洋甜點屋就可以了解，吃甜食早已成為日本人的日常生活習慣。記得十多年前大學暑假時，HOME STAY在父親的日本朋友伊澤家，老夫妻倆每天下午一定要吃個紅豆麻糬、抹茶饅頭或泡芙之類的點心，每次陪他倆去買甜點總是我最快樂的時光。不管是特地到銀座的幾間老鋪、每天往來的浦和車站連結的伊勢丹百貨美食街，或住家附近安靜巷弄裡的和洋甜點屋，舉目望去總有看不盡的選擇，實在讓人感嘆日本人發展出的甜點文化已臻極致境界。日本人積極追求法國、義大利等舶來現代美味的程度，說是崇洋媚外也不為過，但另一方面，他們對傳統和果子的維護也同樣不遺餘力。

四百多歲的超級人瑞

一直很讚佩日本至今尚存的許多名號響叮噹的老店鋪，這些店家好像是不受時光隧道影響的超級人瑞，強韌的生命力總令我好奇不已，超級老字號的虎屋（TORAYA）就是典型的例子。它創立於室町時代的京都，到現在已有四百八十多年的歷史，十六世紀時為皇室御用聖品，如今已傳承到第十七代社長，如此源遠流長實在很不可思議。秉持「傳統就是革新的連續」之理念經營，在大多數日本人的心目中，虎屋就是正港和果子的代名詞。

虎屋招牌布簾代表老字號的好品質。（虎屋提供）

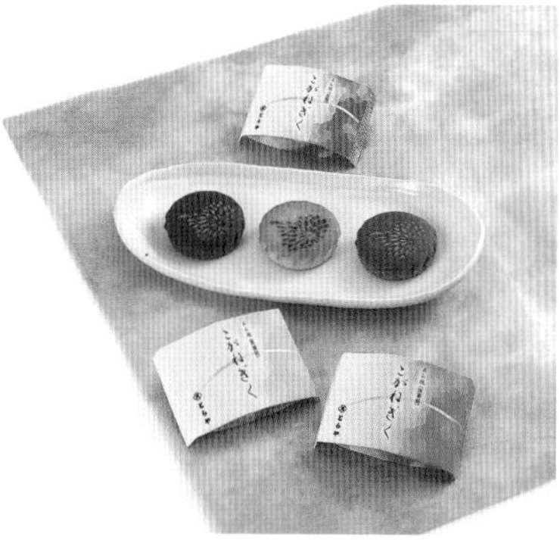

日本的甜點文化非常精緻。（虎屋提供）

虎屋於明治二年（一八六九年）在東京開設了第一家店，目前全國共有八家直營店與近七十處百貨專櫃。本來我還不知道虎屋的份量，恰巧分別在成田國際機場與羽田機場（國內線）皆發現虎屋的蹤跡，才了解日本人多麼以虎屋為榮，不論出國、歸鄉，都要買虎屋的商品做伴手禮，更不用說年節饋贈，如果不知道該買哪個牌子的點心，去廣佈全國各地的虎屋分店就對了！幾位在日商公司上班的朋友都不約而同跟我提過，他們的日本社長每次返台，都習慣帶虎屋的產品給台灣同事們品嘗。虎屋果然是名不虛傳！

a.
虎屋發源地京都店鋪饒富詩意。（虎屋提供）

b.
赤坂總店內部洋溢著傳統的氣氛。

c.
送禮選虎屋羊羹保證對方歡喜。（虎屋提供）

d.
虎屋別緻的櫥窗設計。

上：虎屋的巴黎分店已度過25個年頭。
下：慶祝進軍法國25週年推出紅白酒口味的「羅浮宮之光」果凍。
（以上虎屋提供）

日本與法國這一東一西高度開發的國度，在美食、時尚等領域擁有非常相似、獨特的精緻美學觀。正字標記的虎屋自然出得了國門，早於一九八〇年就在時尚聖地巴黎的聖佛羅倫汀街設立了分店。就像不少西方人喜歡典雅的和服，各式和果子、羊羹、抹茶、蜜豆冰與紅豆年糕湯等，同樣征服了講究美食的老法們一張張挑剔的嘴。這證明了好東西的確能夠超越國界，虎屋為日本做了最好的國民外交。

和果子是一種高深的道

和果子之所以那麼美味誘人，完全取決於製作師傅——也就是所謂「職人」——的巧手。職人投注一生精力在幾近於國粹的和果子上，他們用心鑽研所累積的高超技術，加上穿越時代的層層考驗，傳達給客人的和風結

名為照紅葉、櫻路與御代之朝日的羊羹。（虎屋提供）

「寒紅梅」和果子賞心悅目。
（虎屋提供）

晶，就像焠鍊多時的藝術品般完美。小小一個和果子隱含無限的獨特扶桑美，並擁有極富滿詩意的名字如「初雁」、「寒紅梅」、「空之旅」、「天之川」、「御代之春」、「山路之錦」等，實在是日本人講求美學極致的一種「道」，其所蘊含的精神，鑽研起來就像一門高深的學問，絕不只是幾口吃下去如此簡單而已。

我喜歡去日本的原因之一，是因為日本的四季分明，每個季節有不一樣的景觀變化，春櫻夏綠秋楓冬雪，向來都是日本人樂於歌頌的時節主題，也為旅人帶來迥然不同的旅遊樂趣。而這些不同時節的景致特色，反映在和果子上，更是產生令人感動的美感。十年前在日本唸書時，曾跟一位日本插畫家朋友到他的求學之地—京都御苑—賞櫻花。賞櫻之前，朋友先帶我繞到附近烏丸通的虎屋買和果子（那裡有許多商品還是京都限定呢！）。記得當時看到許多人——不論是三五好友或全家大小，大都圍坐櫻花樹下，

a.
京都限定羊羹人見人愛。
b.
如此美的「天之川」捨不得入口。
c.
「御代之春」最中取型自紅櫻、白梅。
（以上虎屋提供）

a

b

c

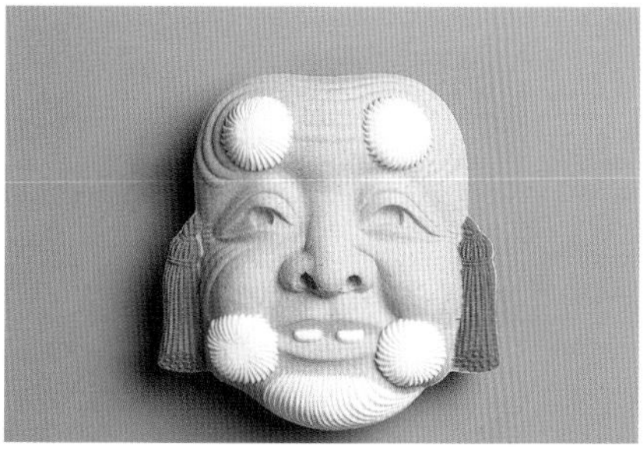

日本傳統能劇裡代表長壽的翁面和果子。（虎屋提供）

一邊吃著和果子、飯糰，一邊欣賞美景，不少人還忘情地吟詩頌詞起來。我常覺得櫻花一開一謝的瞬間落差夠強烈，所以讓天性極端的日本人發自心底認同，對櫻花的迷戀遠甚於國花菊花。身為異鄉客的我不禁也跟著哼起小城故事，一起融入這個遠離塵囂的浪漫時刻。

就像美女俊男總讓人目不轉睛，我很喜歡仔細端詳和果子的美麗外型。和果子的設計靈感取之於日本的四季、文化、傳統，無論是菊花、熟柿、福袋、老翁或金魚等造型，或將富士山、楓葉納為圖案，都拿捏得那麼恰到好處，可以想見職人的心是多麼唯美純粹。和果子最適合在雅緻的和室裡品嘗，配上一壺碧綠的抹茶、香醇的玄米茶或煎茶中的極品玉露，溫潤的一絲和風苦味，可以將和果子的甘甜更明顯拉提出來。

每次看日本的料理、甜食節目，都很佩服他們為了取得最頂級的食材，花費許多時間和金錢地毯式地到全國各地搜索，而虎屋對於製作和果子的材料，也同樣是從各個著名原產地嚴選而來，還不惜高價指定農家委託栽培，這正是決定虎屋崇高信譽的關鍵。以作為羊羹材料的寒天（洋菜）為例，那是來自長野縣伊那市、岐阜縣惠那市的老牌工廠，以費時的天然手法所製作，軟中帶勁的Q口感名不虛傳；還有左右和果子滋味的砂糖，更始終堅持只用四國德島所產的和三盆糖。難怪虎屋產品那麼與眾不同，就是如此重視每個環節的一絲不苟精神，才能夠造就出傲視全日本的崇高地位吧！

葛切沾上和三盆糖美味令人難忘。

守成與創新雙管齊下

跨越近五個世紀並不斷成長，傳統色彩濃厚的虎屋深諳求新求變的重要性，幾十年前即把法國高級服裝的「量身訂做（HAUTE COUTURE）」概念導入，請專任職人為顧客訂做獨一無二的和果子，作為結婚、生日、滿月、紀念日等特殊節慶的贈禮。不僅職人的靈活技巧更形發揮，也充分滿足消費者想要與眾不同的需求，這在當時的同業中是首開先例呢！我在日本唸

a.
TORAYA CAFÉ是因應時代潮流的新產物。
（虎屋提供）

b.
虎屋秉持「傳統就是革新的連續」之理念。

a.

優雅舒適的六本木TORAYA CAFÉ。

b.

新開幕的表參道TORAYA CAFÉ。（虎屋提供）

c.

好看又好吃的玉兔饅頭。（虎屋提供）

書時，為了孝敬爸爸幾十年的老友——即我在日本的居留保證人小原先生，曾去虎屋訂做了一對玉兔饅頭，歐吉桑收到時非常高興。

對老店鋪來說，最大的考驗莫過於堅持傳統之餘再予以創新。虎屋設於東京流行地標六本木之丘與東京香榭里舍大道——表參道——的TORAYA CAFE，就是因應時代潮流、注入新元素的產物。經營風格保留了和果子的優點、再納入西式甜點的精華，自開幕以來特別受到女性顧客的喜愛。對新事物向來感興趣的我自然不會錯過。置身氣氛優雅、舒適明亮的六本木店裡，領略從菜單、餐具到裝潢皆充滿原材質的雅緻美，這個現代感十足的美食空間確實流露出比一般甜點屋高檔的感覺。在不同季節時去品味限量的各式美味甜點，是日本都會人的優質休閒享受。

紅豆可可FONDANT口味甜而不膩。

在店員推薦下，我品嘗了「紅豆可可FONDANT」。這個以紅豆、數種巧克力、肉桂與酒為材料混合成蛋糕狀的成品，佐以抹茶調製的醬汁，味道甜而不膩，搭配一壺清香的土佐煎茶，作為下午茶點再適合不過。另一款「餡 PASTE PLATE」，包含三種酥餅、一杯淋上紅豆沙的牛奶洋菜凍，還有三大球餡，分別由糖蜜和李子乾、綠大豆粉和阿月渾子樹實、白芝麻和黃豆粉調製而成，把平常躲在和果子裡的餡拿出來當主角，可以直接食用，也可以塗在餅乾上，整體搭配嘗起來真是齒頰留香、口感新鮮，立刻顛覆了以往在虎屋果寮吃過的葛切、蜜豆冰或宇治金時的印象，也很佩服虎屋推陳出新的能耐。

虎屋熱愛保護老虎

成功的企業都懂得回饋社會是最好的宣傳。有一件我覺得很有意思的事，就是虎屋基於名字的緣故，對於保護瀕臨絕種的老虎的運動熱心有加。根據世界自然保護基金會統計，目前全球僅剩五千至七千隻老虎。虎

虎屋熱心保護老虎。

餡PASTE PLATE做法別具創意。（虎屋提供）

屋自一九九四年四月起陸續參與許多活動，主要是協助取締盜獵老虎與整備野生老虎棲息保護區，並特別開發購物袋、甜點盤、卡片等商品，提撥一部份收入當作捐助款項；還有一九九八年因為適逢虎年，虎屋乾脆一整年展開保護老虎活動，在全國直營店內設置募款箱，透過張貼海報與散發傳單，喚起大家關懷老虎的生態。「愛虎及虎」的虎屋為企業立下榜樣，也成就一樁忠實顧客樂於傳誦的美事。（虎屋提供照片為安室久光等人攝影）

✻ 虎屋赤坂總店
住址：東京都港區赤坂4-9-22 1F & B1
電話：03-3408-4121
營業時間：（年中無休）
一樓賣場／8:30~20:00（週一～週五）
8:30~18:00（週六、日&節日）
B1喫茶店／11:00~19:00（週一～週五）
11:00~17:30（週六、日&節日）

✻ 虎屋銀座店
地址：東京都中央區銀座7-8-6 1&2樓
電話：03-3571-3679
營業時間：（年中無休）
9:30~20:30（週一～週六）
9:30~19:30（週日&節日）

✻ TORAYA CAFÉ六本木HILLS店
住址：東京都港區六本木6-12-1
六本木之丘KEYAKI坂通1F
電話：03-5786-9811
營業時間：11:00~22:00

虎屋赤坂總店裡的老虎銅像。

✻ TORAYA CAFÉ表參道HILLS店
住址：東京都涉谷區神宮前4-12-10
表參道HILLS本館B1
電話：03-5785-0533
營業時間：11:00~23:00

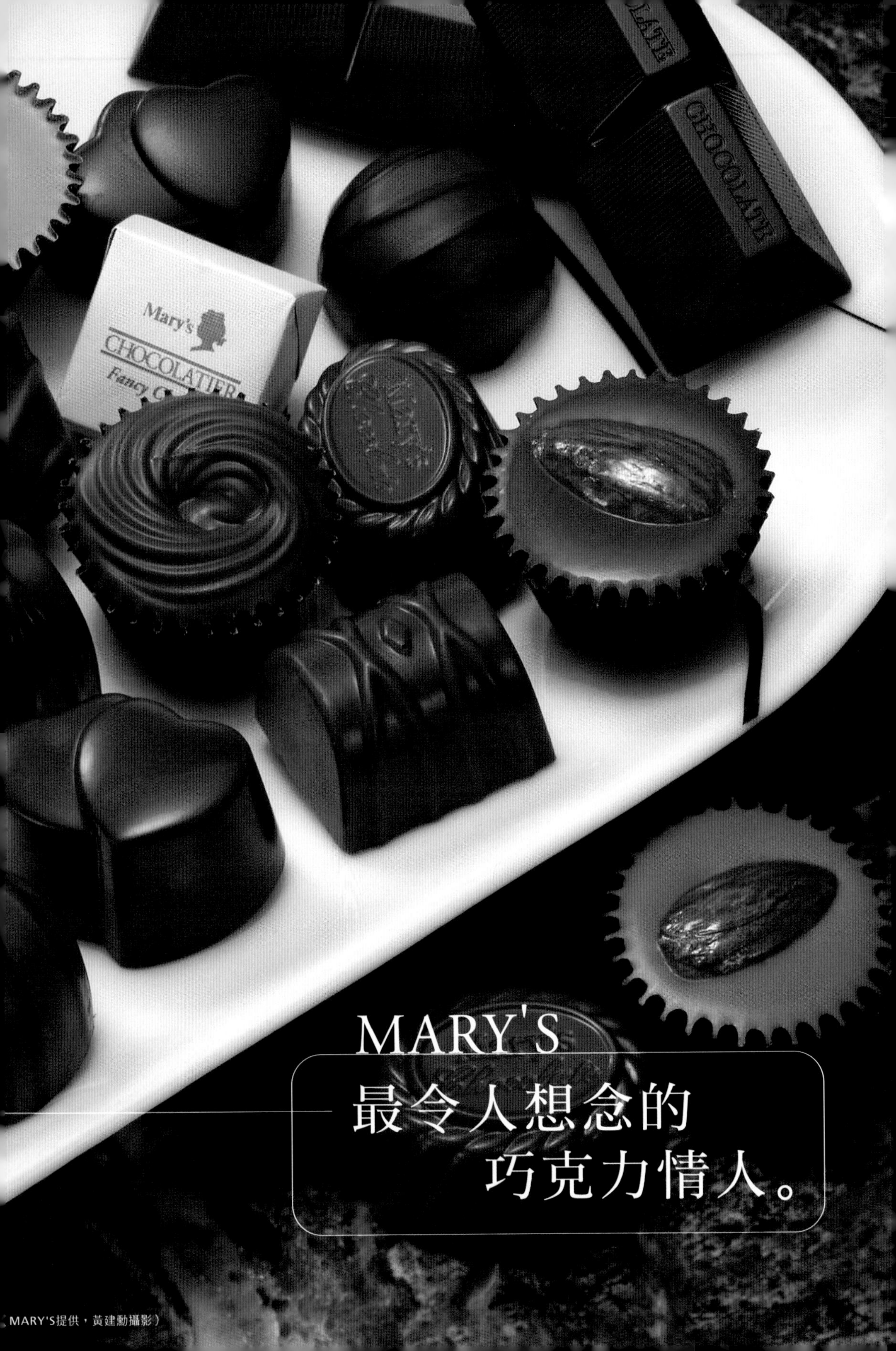

MARY'S 最令人想念的巧克力情人。

（MARY'S提供，黃建勳攝影）

巧克力這項甜點常備軍，在歐洲是與花齊名、追求女性的調情必備聖品，很早以前就被日本人發揚光大。這都要歸功於三十多年前首先赴法國、瑞士取經成功的吉田菊次郎此一人物。有遠見的他歸國後，大力推廣鼓吹巧克力普及運動。日本人受西化思潮影響深遠，民族性又熱愛甜食，加上崇尚送禮文化的推波助瀾，在甜點已邁向時尚化的日本，巧克力便成為專業職人展現創意的重要舞台。在日本不但可買到世界任何一國知名品牌的巧克力，日本人自行開發的本土巧克力也不少，口味媲美西方。其中MARY'S是我所嘗過最令人回味的代表性品牌。

MARY'S是日本的本土巧克力品牌，在崇尚送禮文化的日本，巧克力是常備軍。

已跨海來台的扶桑甜蜜訪客

以一個綁馬尾女性側影為品牌標誌的MARY'S，十幾年前初次在日本朋友家品嚐時，還以為是美國的牌子。殊不知MARY'S已經五十多歲，包裝洋溢著濃厚的西方情調，口味更完全不輸進口貨。可見即使只有一種產品，如果努力發展到極致，也可以成為經典。MARY'S早期專注於發展高級巧克力，在步伐穩固以後，延伸到糖果、果凍、餅乾、糖煮栗子、蛋糕等多種項目，每樣產品都以最優良的材料製作，充分變化出各種可能性，還成立生活情報研究所，不僅隨時掌握日本消費者多變的心，更與時尚尖端的巴黎

MARY'S的品牌標誌很特殊。

a.
MARY'S產品送禮自用兩相宜。

b.
期間限定的商品總造成客人搶購。

c.
糖煮栗子是MARY'S的經典商品。

保持同步，以推出符合潮流趨勢的新商品。MARY'S現已於台北幾個百貨公司設有專櫃。

日本的甜點市場實在太多元精緻，不但歐美進口品牌百花齊放，本土品牌取的也都是洋化的名稱，消費者簡直看得眼花撩亂，剛接觸時面對幾十種品牌根本不知從何下手。我這個外來客一開始也摸不著頭腦。於是全國各地約二千家分店（包括百貨公司專櫃）、年營業額一百七十五億日幣的MARY'S不時會祭出「期間限定」或「限量販賣」的招數，成功地吸引客人的注意，三不五時勾引大家的味蕾。其中我覺得經典產品糖煮栗子（MARRONS GLACES）相當特別，由義大利進口的高檔大栗子，在加了白蘭地的糖汁裡熬煮之後，甜而不膩的成熟風味，可說與MARY'S的當家巧克力不分軒輊。

與時尚聖地巴黎甜點保持同步的MARY'S。

MARY'S在巴黎的巧克力祭典上大出風頭。（MARY'S提供）

以東方手藝魅惑西方世界

MARY'S推出的新品牌「節子夫人」（MADAME SETSUKO）巧克力，融入日本道地的食材與傳統的美學，呈現既時髦又典雅的嶄新面貌，可以說是和洋融合的完美混血兒。一款名為「梅」的新作品，曾經在法國聞名的巧克力祭典SALON DU CHOCOLAT上大出風頭，魅惑了無數自傲挑剔的法國人，得到二〇〇二年巧克力比賽的準冠軍與二〇〇三、二〇〇四年的特別賞，更首開亞洲廠商得到大獎的先例。二〇〇五年出征紐約推廣多款融合和洋精髓的新產品，再次以巧克力做出蒙娜麗莎與和風仕女的浮雕畫作，讓各國人士大為讚嘆，共約十萬人見識到MARY'S的精巧手藝。如此洋溢著時尚風味的「節子夫人」高級巧克力店，目前已在大阪（阪急百貨）、名古屋、九州小倉、羽田機場等地開設。

很欽佩MARY'S可以把巧克力發揮到如此極致，原來特別成立的生活情報研究所，專門從各種角度分析消費者的需求與觀察市場趨勢。隨著幾十年的時間演變，如今生活情報研究所專注在設計店鋪、企劃促銷等事宜，現在除了企劃開發部門隨時進行縝密的市場動向調查，如商品項目、價格、客層年齡、購買目的與時間帶等，訓練有素的現場販賣人員也會捕捉各種一手情報，雙管齊下更確切掌握顧客的需求。

相容性高的聰慧大派情人

最喜歡在撕開鋁箔紙時，聞到巧克力香味的那一刻。不像大板塊的巧克力HERSHEY'S、三角形的TOBLERONE，MARY'S一口大的造型可以千變萬化，內容物更是琳琅滿目。在MARY'S可以找到幾十種以上的口味，無論包裹的是杏仁、核桃、花生、松子、椰仁、豌豆、紅豆、芋頭、芝麻、白蘭地、牛奶、咖啡、焦糖、薄荷、櫻桃、葡萄乾、草莓、柚子、橘子、軟糖、抹茶、生薑、黑糖、餅乾、米果等素材，甚至相反地將巧克力放入這些材料裡轉換面貌也行，一顆顆都是巧克力師傅的巧思結晶，很少有哪一樣甜品擁有如此高的相容性。我始終覺得巧克力像是一位深諳女性心理的聰慧大派情人，一段時間不吃就令人忍不住想念起來。

上：巧克力的內餡與外型非常具變化。
（MARY'S提供，黃建勳攝影）
下：MARY'S出征紐約的實際演出。
（MARY'S提供）

自由之丘的POÉME de MARY
洋溢法國風情。（MARY'S提供）

巧克力是從可可樹果實提煉而來的產物，自古稱為「神的食物」。在十四世紀的古墨西哥王國阿斯底加，巧克力是王公貴族們喝的高級飲料，可以想見其被珍視的程度。由於它的營養價值與熱量極高，不僅冷卻了好吃，熬煮喝來也順口。不管是冰淇淋、布丁、餅乾、蛋糕、麵包等各種食材，似乎只要經過它的調味加持，瞬間就變得特別香醇可口。甚至拿巧克力入菜也沒有違和感。

到自由之丘品味MARY'S精髓

由於巧克力本是飄洋過海而來的舶來品，日本的函館、橫濱、神戶、長崎等幾個深受歐美文化影響的海港，都找得到不少別有風味的巧克力店。這些店鋪都小巧精緻、歷史悠久，彷彿是巧克力在日本成長發展的一個個活見證。

MARY'S特別在自由之丘開設的法國風美食屋POÉME de MARY，就非常具有類似海港店鋪的情調。雙層建築物與在歐洲大城小鎮巷弄裡常見的一幢幢精緻漂亮的店鋪沒什麼兩樣！一樓是巧克力專門店，在這裡可以買到MARY'S的各種巧克力、餅乾、蛋糕等甜食，也可以坐下來喝一杯熱巧克力。出入的客人以時髦都會女子、貴婦人為大多數。二樓是古典雅緻的法國餐廳，可以整個包下來辦小型聚餐或宴會。

熱巧克力溫潤可口。

a. POÉM de MARY二樓的法國餐廳。

b. 同時販賣許多好吃的巧克力蛋糕。

c. POÉM de MARY一樓可外帶也可入內享用。

d. 精緻富創意的前菜。

e. 新鮮美味的主菜鯛魚。

法國料理由在巴黎受過正統訓練的主廚烹調，會隨季節更換應景食材靈活變化菜色。我造訪當天所品嚐的超值午餐，包括前菜、沙拉、麵包、南瓜湯、主菜、甜點與飲料，既完整又美味。尤其前菜以香菇併雞肉、香橙鴨肉塊、酸奶拌四季豆、碎蘑菇起司捲等四樣充滿創意的小品，組合成一道令人食指大動的什錦冷盤；主菜鯛魚淋上以紅葡萄酒為基底熬煮的醬汁，品嘗起來格外鮮美；甜點則為核桃冰淇淋、巧克力慕絲、洋梨塔酥，為套餐劃下完美的句點。一道道都是主廚慢工細活的結晶。此種水準的餐廳如果在東京都內，通常得花個四、五千日幣，而MARY'S只要二千一日幣。在MARY'S享用完餐點後，到美麗優雅的自由之丘消遙度過一個愜意的午後時光，是我工作之餘最想做的事。

巧克力是表達情意的好禮物。（MARY'S提供，黃建勳攝影）

巧克力是浪漫的代名詞

細究巧克力的根源，最早是由西班牙人從適合種植可可樹的墨西哥帶回歐洲，嗜飲巧克力的西班牙皇后瑪麗亞嫁給法皇路易十四時，又將巧克力帶到法國。西方人的生活與巧克力關係密切，對巧克力懷抱著一種特殊的情感。好幾部跟巧克力有關的電影，都非常感人又具有創意，至今記憶深刻；《濃情巧克力》裡堅強的單親媽媽茱麗葉畢諾許，因為深諳巧克力神秘魅力並擁有絕妙手藝，不但開設的巧克力店成為村民的精神庇護所，還成功扭轉在異鄉孤立艱難的處境；而《巧克力冒險工廠》的神祕老闆強尼戴普，是個聰明絕頂的怪異天才，以他認為無所不能的巧克力來測試貪婪醜陋的人性，讓觀眾展開了一趟大開眼界的甜食之旅，體驗巧克力世界無限的可能性。

經過科學家分析，巧克力成份中的確含有促進人體腦啡（會讓人感到興奮）分泌的化學物質，還能夠抑制危害人體的活性氧作用，帶給人愉悅的感受，也具有飢餓時補充熱量的功能。姑且不論其實用價值如何，看看不分中外的巧克力品牌廣告（從一九五八年開始領先倡導大眾過情人節的MARY'S也不例外）都喜歡以巧克力代表的關懷、滋潤、溫暖、甜蜜為訴求，結合俊男美女的浪漫畫面，以愛情故事來打動消費者，由此便可以了解只要有人類存在，巧克力就永遠有銷路。其實不只是情人節，透過巧克力來替代難以表達的言語，效果真的盡在不言中。

巧克力的源遠流長耐人尋味。（MARY'S提供，黃建勳攝影）

✻ 洋風美食屋POÉME de MARY
地址：東京都目黑區自由之丘1-8-9
電話：03-3725-6565
營業時間：10:00~22:00（週一休）
交通：從東京搭乘JR山手線至涉谷車站，
再轉搭東急東橫線至自由之丘車站，
出南口即抵達。

Mary's POÈME de MARY

伊藤園

發揚茶葉文化的扶桑茶園。

常覺得世界上充滿許多有趣的現象，例如茶與咖啡這兩樣縱橫全球的大眾飲料，咖啡是由發源地西方漸進到東方，而茶葉這亞洲產物則反向地魅惑了西方。其中綠茶屬於未發酵茶，對健康大有助益，這些年在台灣一躍成為茶王國裡的寵兒，也是始終被日本人奉為至寶的飲品。日本是一個擅長擷取各國優點、進而將其發揚光大的民族，他們熱愛茶葉的精神，可追溯到西元六世紀，兩位遣唐使最澄與空海從中國將茶葉種子帶回東瀛栽種。日本儘管有上百年的茶葉老鋪，不過要說知名度最高的國民品牌當推伊藤園（ITOEN）。

伊藤園是知名度相當高的品牌。

根基深厚的實力派

一九六六年創業的伊藤園，最初以製造販賣綠茶為主，在一九八一年成功開發了世界首見的罐裝烏龍茶，為之後廣大的無糖飲料市場展開序幕；接著一九八五年又開發罐裝綠茶（難度較高）。劃時代的創舉使得喝茶瞬間變成極為方便的一件事，省卻了將水煮開再泡一壺茶的過程，無論常溫、冷藏或加熱皆可。對茶葉業界來說，這項克服了變色與香味走樣兩大問題的偉大發明，促使許多廠商跟進，伊藤園的地位更為鞏固了。

茶葉種類真的非常多，伊藤園的根基在於被稱為世界三大茶的綠茶、紅茶、烏龍茶，如今勢力範圍還包括蔬果汁與咖啡。講究喝茶的日本人追求極致的結果，發展出玉露、抹茶、玄米茶、麥茶、粉茶、莖茶、芽茶、番茶、玉

伊藤園販賣一百多種茶葉。

玄米茶近來很受歡迎。

綠茶、深蒸綠茶與各種花茶、水果茶等，每一種茶葉從選種、栽植、採收到烘焙出廠等過程，都是茶農累積一點一滴的辛苦而來的。所以每次喝這樣「看天吃飯」的大地產物時，油然而生倍感珍惜之心。由於伊藤園自己擁有茶園，所以沒有採購方面的資金壓力，最大課題就是儘可能地傳達茶的美好。伊藤園販賣的茶葉種類高達一百三十多種，管理上並不簡單。

多品牌策略常保新面貌

賦予產品新價值為伊藤園永遠的挑戰。為了刺激消費者不斷上門，伊藤園採多品牌（MULTIBRAND）

茶葉應有盡有的ITOEN TEA GARDEN。

吟（GIN）演出一種時尚感的茶空間。

策略，多年來除了伊藤園，還發展出傳統風味的茶十德、嶄新風格的Tea.Pi.O.、綜合口味型的ITOEN TEA GARDEN、現代時尚感的吟（GIN）、健康美容走向的NATURAL STANCE ITOEN（現只有名古屋一店鋪）等。各品牌之間同中求異之外，也要有真本事，才經得起市場的嚴苛考驗。伊藤園從一九七七年開始於百貨公司設置專櫃，目前全日本共有兩百四十幾間店鋪。

Tea.Pi.O.提倡喝茶的新主張。

其中我覺得最有意思的品牌就是Tea.Pi.O.，這是與高島屋百貨合作開發、限定高島屋體系才有的高級品牌，概念源自穿著服裝的三準則：TIME、PLACE &OCCASION，建議消費者依照不同時間、場所與氣氛（心情），選擇飲用不一樣的茶。這樣的商品企劃帶出一種新的生活提案，果然讓顧客耳目一新。喝茶不再只是飯後的事，提倡一天之內需要喝很多次的結果，茶葉的銷售量自然隨之大大提高。而且店面中還闢有座位，心動的客人可以立刻細細品嘗。

在Tea.Pi.O.可以立即坐下來品茶。

中國有茶聖陸羽，日本也有類似人物。另一品牌茶十德乃源自於茶祖之弟子明惠上人，曾寫下喝茶的十項功用：諸天加護、父母孝養、惡魔降伏、睡眠自除、五臟調和、無病習災、朋友和合、正心修身、煩惱消滅與臨終不亂等，簡直比仙藥還神奇。看來不時發生亂象的台灣，是否該鼓勵大家靜下心來多喝茶呢？

a

a. 依照不同時間、場所與心情飲茶。（伊藤園提供）

b. 茶葉禮盒送禮相當體面。

c. 傳統風味的茶十德店鋪。

b

c

令人期待的季節茶品

味道、香氣與色澤，是愛茶人最在乎的三項重點。為了充分滿足消費者的喜好，伊藤園會配合四季節令與時代潮流推出新商品。以春天來說，最珍貴的就是每年初次採摘的新芽，即所謂一番茶（新茶）；由於一番茶蓄積了大地重新復甦的養分，喝來格外清香芬芳，還有吉祥的寓意。夏季的話務必來杯冷茶，少了澀味，多了一份甘美，解熱消暑再適合不過。而秋旬茶乃是置於茶壺內的新茶，封口儲藏於倉庫，待秋天到訪時才開封的「口切」茶；由於青澀味消失，增添了醇厚感，在江戶時代

a. 春天的新茶既好喝又吉祥。

b. 秋旬茶往昔用來進貢朝廷、幕府。

是專門拿來進貢朝廷的「獻上茶」、幕府的「御用茶」呢！冬季則以甘香的濃茶最受歡迎，此時配上甜蜜的茶食最恰當。四季不同的茶品就像大自然的四季景觀，各具不同風情。

伊藤園進軍海外佳績頻傳，在美國、澳洲也買得到伊藤園的新鮮茶葉呢！台灣雖然沒有伊藤園的專櫃，想品嘗其茶葉滋味的人只能等待前往日本之時。不過在便利商店常可買到伊藤園的飲料，也算聊勝於無。千萬別小看鐵罐或寶特瓶飲料的貢獻，在日本超級市場、便利商店、車站KIOSK與到處可見的自動販賣機等通路，為伊藤園掙得年度總營業額的百分之八十五呢！

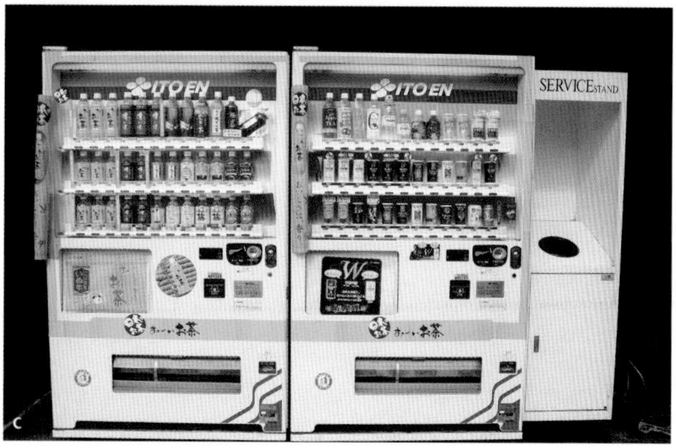

a. 搭乘電車前後少不了到KIOSK買伊藤園的茶。

b. 超級市場的伊藤園茶飲料銷路好。

c. 路邊也買得到伊藤園飲料。

生活的親密健康伴侶

要泡一壺好茶，最重要的就是掌握適中茶量、水溫與沖泡時間。當然使用的壺種與茶具擺設也會影響品茗心情。伊藤園的專櫃除了各種好茶，也販賣美味的茶果子、羊羹與海苔等輔佐食品，更增添喝茶的樂趣。而具現代感的包裝把傳統色彩濃厚的茶葉化身為可愛禮物般的圓扁罐或細長筒罐，更是成功打進原本不愛泡茶的年輕族群。此外店裡還販賣茶壺、茶杯、茶匙等相關器物，無論自用或送禮，都十分便利。

a. 可愛的茶葉圓扁罐像個糖果盒。

b. 專櫃販賣的茶壺、茶杯、茶匙等器物。

c. 令人眼睛一亮的細長筒罐包裝。

茶葉宛如一個多面貌的生活伴侶。

茶葉好喝又可以入菜，我們台灣的茶葉老大哥天仁茗茶所經營的茶餐廳，菜單的變化便無窮無盡。我在日本曾經吃過加入抹茶粉末的手打蕎麥麵，還有在炸天婦羅的麵衣裡加入一些茶葉，都可以增加料理的香味，也相當符合健康原則，只要不要過量喝到睡不著覺就好。伊藤園還將茶渣轉為榻榻米、椅子等家具的素材與裝潢建材，不僅是愛護地球的絕佳創意，更是環保的最好例子。茶葉堪稱是一個多面貌的生活伴侶。

✻ 茶十德

地址：東京都北區赤羽2-1-1 西友赤羽店2號館1F
電話：03-3902-6517
營業時間：24小時全天候
交通：搭乘JR京濱東北線至赤羽車站。

✻ Tea.Pi.O.

地址：東京都涉谷區千谷5-24-2 新宿高島屋百貨B1
電話：03-5361-1111
營業時間：10:00~20:00（週六~20:30）
交通：搭乘JR山手線至新宿車站，從南口出來，約步行10分鐘抵達。

✻ ITOEN TEA GARDEN

地址：東京都涉谷區宇田川21-1西武百貨B館B1
電話：03-3462-0111
營業時間：10:00~20:00（週四、五＆六~21:00）
交通：搭乘JR山手線至涉谷車站，從HACHI公（犬雕像）出口，約步行5分鐘抵達。

✻ 吟（GIN）

地址：東京都中央區銀座4-6-16三越百貨7F
電話：03-3561-2113
營業時間：10:00~20:00
交通：從東京搭乘地下鐵銀座線、日比谷線、丸之內線至銀座車站，從A2出口，約步行5分鐘抵達。

梅之花

美味又價格合理的庶民化懷石料理。

到梅之花用餐可領略懷石料理的魅力。

往來日本多年，常為其在各方面追求極致的民族性所折服，但無論社會多麼進步，畢竟民以食為天，在維護傳統有成、又懂得兼容並蓄各國優點的長處下，日本人發展出的飲食文化博大精深。以東西兩大都市來說，東京餐飲文化的豐富多元完全不遜於紐約。但在此我們先把五花八門的異國料理放一旁，聚焦在代表日本傳統的懷石料理上。正統的懷石料理價格昂貴，對一般大眾來說有些高不可攀，想掀開懷石料理的神秘面紗，不妨先前往美味又價格合理的梅之花（UMENOHANA）餐廳。如果深深被吸引，往後再好好探索這個領域。

平易近人與高雅細緻並存

懷石料理這個優雅的詞彙大家都聽說過，但典故可能就不是每個人都知道了。原本是寺廟裡的和尚為了修行，將溫熱過的石頭放進懷裡，藉由暖腹來暫時止住饑餓感，茶道宗師千利休則取其禮節與方式，設計出茶會裡食用的懷石料理，也就是輔佐品茶正事的菜餚。所以後世發展而來的正統懷石料理份量並不多，味道也不像適合划拳飲酒、豪奢華麗的會席（日文發音剛好同為KAISEKI）料理

梅之花是大眾化的懷石料理。

般濃厚強烈。懷石料理的真髓乃要人嘗其風雅意境，質重於量，尤其是食物與四季更迭的調和禪意，非以吃得飽足來取勝。色、香、味、形並具的懷石料理，除了用眼睛、鼻子、舌頭去品味，更要用心才能體察其內蘊的精神。幾年前知道了梅之花的存在，非常興奮，很高興有這麼一家平易近人的懷石料理。

懷石料理貴在品嘗意境。（梅之花提供）

無論外在世界變化得多麼快速，品嘗懷石料理就是要慢慢來。彷彿回到時代劇裡的時空，穿上和服來細品可能更合適。去過兩三次的梅之花餐廳，位於橫濱青葉台分店的整體造景最具意境，門口特別種植著一棵梅花。搭乘沿山坡地形建造的手扶電梯（旁邊亦有樓梯）而上，讓興致盎然的客人懷抱掀起蓋頭來的好奇，一路並可見翠綠的孟宗竹。走過雅緻的原木長廊，最後進入靜瑟的玄關，穿過裝飾古典藝品的走廊，喧囂繁忙的城市人心情自

上：平易近人的梅之花具有高級料亭的高雅氣氛。
下：梅之花招牌簡潔素雅。

然地被梳理沈澱下來。愉悅地在裝潢優雅的和室裡用餐，伴隨著親切專業的服務人員的細心招呼，除了充分享受美食滋味，身心也被洗滌得一塵不染。

以豆腐與湯葉為兩大元素

創業近三十年的梅之花，總公司位於福岡縣，以正統的懷石料理為基底，融入豆腐與湯葉（豆皮）兩大元素，再輔以各種當季食材，不但符合

a. 徐徐穿過長廊恰好調整用餐心情。

b. 玄關有如溫泉旅館般古典。

c. 梅之花的一間間和室佈置雅緻。

梅之花內部裝潢亦值得玩味。

現今講究健康的時代潮流，菜色豐富又不會有大魚大肉的油膩感，讓人每隔一段時間就會懷念起來。保留懷石料理特色的經營方式，使其更容易為大眾接受。目前梅之花分店已有七十間左右，顯見飲食西化的日本人對自身根本同樣相當熱愛。

豆腐由大豆製成，豆皮則由豆漿凝固的表層取之，兩者皆為便宜的食材，不過在奈良時代卻只有貴族與高僧才能享用。其素樸的原味，在普遍營養過剩的今天反而大受歡迎，從配角之姿躍升為主角，加上其冷熱皆宜、與許多菜餚都不互斥的溫和特性，可以變化出相當多的面貌。在梅之花嘗過的豆腐料理中，以山椒味噌調味的嶺岡豆腐清爽滑嫩、混合雞蝦洋蔥的豆腐燒賣細膩順口、油炸豆腐沾上味噌的生麩田樂芳香可人、滴上檸檬汁的油炸湯葉外酥內軟……一道道皆融入別出心裁的創意。

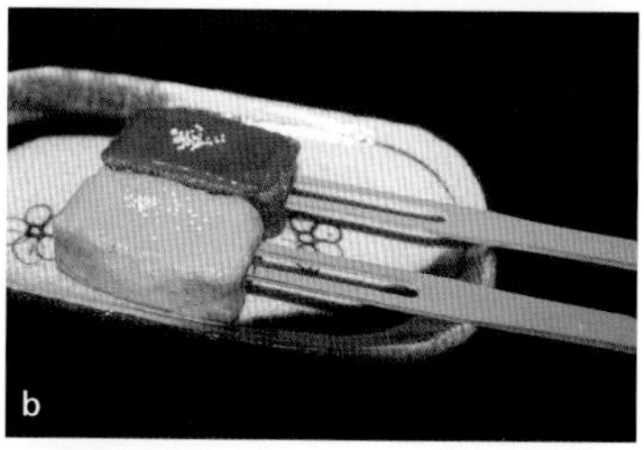

a. 豆腐結合燒賣是個有趣的創意。

b. 油炸豆腐沾上味噌的生麩田樂。

c. 油炸湯葉是香酥小品。

嶺岡豆腐以山椒味噌調味。

擷取懷石根本精神的味蕾洗禮

要追本溯源日本各項傳統的話，一定要前往京都，懷石料理當然也不例外。京都最高級料亭的懷石料理——京懷石，甚至要價兩三萬日幣。傳統懷石料理的主幹為一汁三菜（講究的餐廳一開始會先上一道開胃菜般的先付），即湯與向付（前菜）、椀盛（熬煮物）、燒物三樣料理，再加上御飯、吸物（另一款湯）、八寸（拼盤）。為了增加豐富度，還會搭配強肴這類屬於延伸補強的料理，即從和物（涼拌海鮮加蔬菜）、溫物（熱料理）、蒸物、浸物（燙青菜）、揚物（油炸類）之中自由選擇一二道。最後再上湯桶（泡茶的熱水）與香物（醃漬物）。冷熱、生熟、大小盤十幾樣單品，非常繁複細緻，循序漸進讓味蕾進行了一場神聖的洗禮。

梅之花擷取傳統懷石的基本精神，再予以大眾化、現代化，套餐料理如「雪花風月」、「幸福（SHIAWASE）膳」、「梅之花膳」等皆為人氣經典款。四季還會推出期間限定的懷石料理，如春

a

b

a.「幸福（SHIAWASE）膳」為客人祈福。（梅之花提供）

b. 豐盛華麗的「雪花風月」。（梅之花提供）

c. 豆乳冰淇淋滋味令人思念。

c

季的「奏」、「緩」等特餐，價格在日幣四千至七千之間。以我喜歡的「梅之花膳」來說，包含嶺岡豆腐、水菜、煮豆皮、豆腐燒賣、生魚片、茶碗蒸、湯豆腐、生麩田樂、炸湯葉、豆皮湯、飯、醃漬物與甜點。其中最有趣的是自己做豆皮的經驗，待半熟的湯豆腐融化為一鍋熱呼呼的豆漿後，一邊聞著撲鼻的清香味，一邊用筷子輕輕地勾起一片片薄豆皮，現做現嘗新鮮又好玩。最後還創新地以豆乳冰淇淋作為完美的句點。從頭到尾充滿清淡素雅的食感，就像一位耐看的清秀佳人，反而比搶眼的豔麗女郎更令人回味。

依循旬之味的黃金法則

懷石料理不只精緻美觀，更重視採用當季、時令的食材，也就是日本人常說的「旬」之味。一年四季皆有不同的新鮮蔬果魚肉上市，例如正月的大根（蘿蔔）、五月的鯛魚、七月的鰻魚、九月的松茸、十月的栗子等，只要食材夠「旬」，最後端上桌的味道就已有六七成的把握。能夠品嘗春夏秋冬每樣菜餚的原味，不僅是對大自然的禮讚，更是人類味蕾的至高福澤。梅之花雖以豆腐與湯葉為基本元素，在不同季節前去用餐，依然可享受到旬之味。

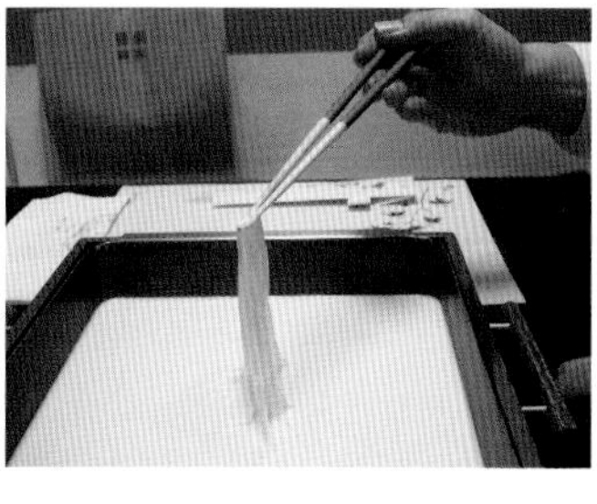

上：「梅之花膳」樸素淡雅宛如一位清秀佳人。（梅之花提供）
下：現做豆皮是好吃好玩的經驗。

對注重細節的日本廚師來說，烹調過程彷彿進行一場莊重的儀式，他們用心地將每種食材當作一個個相互融合的生命，以呈現出食材最好的原味，以及對食物最高的敬意。搭配上各種形狀、顏色都不同的餐盤，連配料、擺飾也完全不敢輕忽，品味懷石料理不只賞心悅目，更會讓人油然升起珍惜天地萬物之心。為了讓更多人親近懷石料理，梅之花還開發販賣「故鄉便當」、雙層的「懷石便當」、三層的「華便當」，生意相當不錯。

左右整體美的各式餐具

食器可說是左右懷石料理雅緻美的最大功臣，用完一餐上場的碗盤雖多，視覺上卻能夠形成一種平衡的美感，那是因為各種食器線條的巧妙融合，無論是漆、瓷陶、木材、竹子、金屬或玻璃等任何材質都不會突兀。形狀更是千變萬化，除了常見的圓形、方形以外，還有扇形、花形、葫蘆形、蛤形、舟形、筒形、兜字形等。梅之花的瓷製三層抽屜式食器最令我印象深刻，一層層分開盛裝食物，讓味覺也產生層次變化感。

a

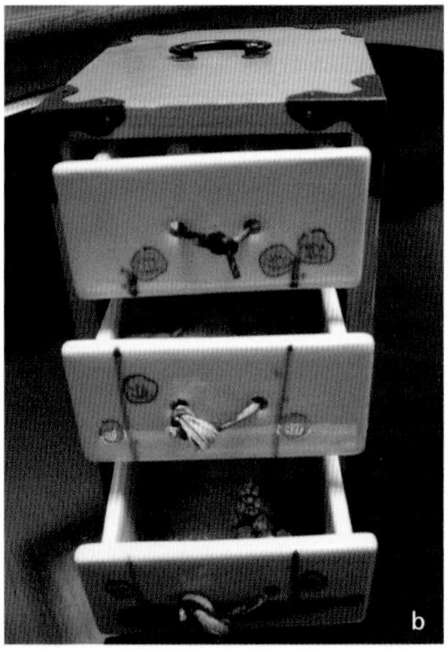

b

a

c

a.
懷石便當讓客人輕鬆買回家。

b.
瓷製三層食器精緻宛如首飾盒。

c.
日本的碗盤形狀多樣精美。

無論多少人一起用餐，懷石料理永遠是每個人各自進食。盛裝碗盤雖多，但每個只裝到五分滿，「留白」為其勾勒出一股餘韻，也是令人玩味的一門學問。不同於中華料理總習慣圍著圓桌大夥熱鬧團聚，並且由於盛裝的是全部人的份量，所以大盤子、碗公不可免，總要盛到快滿溢出來，彷彿如此才能顯示主人的好客與豐富款待。料理的確是反映民族性的一面明鏡。

梅之花縮短了大眾與懷石料理的距離，也開啟了我研究的興趣，橫濱青葉台庭院裡的幽幽意境亦永駐心田。

✻ 梅之花蒲田店
地址：東京都大田區蒲田
5-37 nissei aroma square 2F
電話：03-5713-7271
營業時間：11:00~16:00＆17:00~22:00
（年末休）
交通：從東京搭乘JR山手線至蒲田車站，
從東口出來步行5分鐘。

✻ 梅之花青葉台店
地址：神奈川縣橫濱市青葉區青葉台1-6-5
電話：045-988-1330
營業時間：11:00~16:00＆17:00~22:00
（年末休）
交通：從東京搭乘JR山手線至涉谷車站，
再轉搭田園都市線至青葉台車站，
從出口往左轉即抵達。

梅之花青葉台店庭院的優美裝飾。

北海道 優雅大氣的居酒屋。

北海道居酒屋是一處大氣的和風食堂。

飲食充分反映出一個國家的文化發展與民族特色。與平日禮數週到、必恭必敬的日本人往來，就像品嘗正統的懷石料理必須正襟危坐般，一整套大餐吃下來實在讓人感到不少壓力；相對地到堪稱是日本式PUB的居酒屋就非常能夠放鬆。許多日本人總愛說居酒屋是他們心的故鄉，不僅菜餚具有特色，也可以觀察到日本人壓抑外表下的真面目。我去過不少日本的居酒屋，無論是個人經營或連鎖店都有。不過有時候自己一個女子夜晚外出，不免要避開一些氣氛詭異或滿是醉醺醺男人的店家，北海道（HOKKAIDO）便是我小心翼翼選擇之下意外的發現。北海道的感覺有別於傳統居酒屋，說是一處優雅大氣的和風食堂可能更為貼切，忍不住要介紹給喜歡日本居酒屋的朋友。

北方美味紀行與地酒

每次到日本出差或遊玩，用餐對我來說也是一種小探險，我喜歡四處尋覓沒去過的新餐廳。幾年前到惠比壽的GARDEN PLACE，黃昏時饑腸轆轆地懶得再跑到大街小巷尋找，就順勢到三十九樓的餐廳街看看，沒想到就這麼與物美、價格也不昂貴的北海道居酒屋邂逅，自此每回去日本都會去報到。走進北海道居酒屋許多分店玄關，視線立刻會被一隻超大型的熊雕像吸引，由於北海道為熊產地，這個指標是為了提醒客人此處的美味來自北海道。

居酒屋是日本人心的故鄉。

北海道居酒屋屬於COLOWIDE（結合了COURAGE、LOVE、WISDOM與DECISION四個英文字，於一九六三年創立）餐飲集團，標榜「北之味紀行與地酒」，也就是日本北方的鄉土料理以及當地精選的名牌醇酒。取這個地名做為店名，倒也方便顧客聯想記憶。集中於關東地區的北海道居酒屋，十七年來發展到三十幾家分店，因為風格與口味都走成熟路線，客人以三十五歲到五十幾歲居多，其中知識份子也不少。

根據商圈屬性的不同，除了主軸的居酒屋菜色，有的分店還增加御膳午餐、自助餐、迴轉壽司或拉麵以廣招客源。柔和幽靜的店鋪裝潢，充滿回到家鄉懷抱的溫暖感覺，怪不得回籠的主顧客很多。為了方便客人商談應酬、親朋好友或同事聚會，大部份分店都設有多間個室，還特別為每個房間取了北海道的地名，如洞爺、長萬部、佐呂間、音更、七飯、八雲等，著實增添不少雅緻氣氛。這時候點道產子、漁火、北彩等套餐料理最合適。

a.
北海道居酒屋室內裝潢極為雅緻。

b.
北海道居酒屋許多分店玄關樹立著一尊大型熊雕像。

c.
以鄉土料理與當地醇酒為號召的北海道居酒屋。

優秀的店長為連鎖店成功之鑰

北海道居酒屋的格局很大，當然也反映出集團的財力雄厚。以我最常去的涉谷車站前的分店來說，光是裝潢設計就花費五億日幣，總共有四百二十個座位，推翻了一般人心目中狹小擁擠的居酒屋印象。與涉谷店店長民谷先生聊起，才知道客人川流不息的此店業績，營業額一年約有十億日幣，旺季的十二月還可衝上一億日幣。二〇〇五年不僅在日本全國餐廳排行榜居冠，放諸全球餐飲界還曾得到第三名（冠軍為洛杉磯的T·G·I、亞軍為巴黎的VERT）。民谷先生因此每年都獲得出國考察的機會，紐約、巴黎、洛杉磯等大都會都造訪過，而且他總是在思考三年後會產生什麼樣的趨勢變化，如何能夠一直領先同業。

a.
有的分店還販賣拉麵。

b.
每個房間名稱源自日本地名。

c.
處處講究用心的室內空間。

北海道居酒屋深具地方特色。

因為平常在台灣就對餐飲業的動態很感興趣，也喜歡去造訪新開的熱門餐廳，於是順勢多請教三十出頭的民谷店長。擅長邏輯分析的日本人，不管經營任何行業，都有其獨特的一套黃金法則。民谷店長說，要經營一家成功的大型餐廳，必須鎖定方圓十公里（便利商店、超市為三公里，速食店為五公里）之內的商圈範圍來規劃戰略；例如是位於辦公區還是住宅區、有何交通路線經過、一天要分幾個營業時段、菜單如何變化等，每個細節都要隨時配合現狀調整，而且客人的任何意見都要重視，並不是隨便找個廚師、照三餐時間做幾道菜就有客人會上門。像日本電視節目「搶救貧窮大作戰」

上：北海道居酒屋的成功集眾多因素。
下：經營一家成功的餐廳充滿學問。

注重每個細節，配合現狀調整設計多樣的DM，豐富且詳細。（北海道居酒屋提供）

裡需要被拯救的不少慘澹小食堂就是最佳惡例。聽他頭頭是道地說起經營的學問，深感企業整體的成功必須來自於社員的努力。

得天獨厚的北方大島

如果對日本地理有基本概念，就知道北海道這個大島實在太得天獨厚。受惠於四周環海，不但物產豐饒多元，景觀更居全日本之冠，春夏秋冬任一季節前往，都可以欣賞到截然不同的美景並享受各種美食。以前我曾經擔任過一位北海道社長的特別助理，這位老闆由於從小嘗盡各式頂級海鮮的天然旬味，舌頭被滋養得無比敏銳挑剔，來到台灣發展事業以後，任何餐廳只要菜餚加入一點點味精他立刻察覺，而且常說台灣任何幾千元的高檔日本料理也比不上北海道的海鮮。我想除了思鄉情懷作祟，北海道的確擁有讓人豎起大拇指盛讚的豐富在地特產。

提到北海道居酒屋的美食，立刻讓人精神大振。這裡大部分的食材都是每天從北海道空運而來，由料理長掌控菜單。每年輪番上場的菜色多達一百五十至兩百道，價格從幾百日幣的單品，到上萬日幣的豪華套餐都有。不管從食材新鮮度、烹調創意或美味等幾個重要基準來看，都讓人驚豔。而

北海道所產的鱈場蟹碩大肥美。

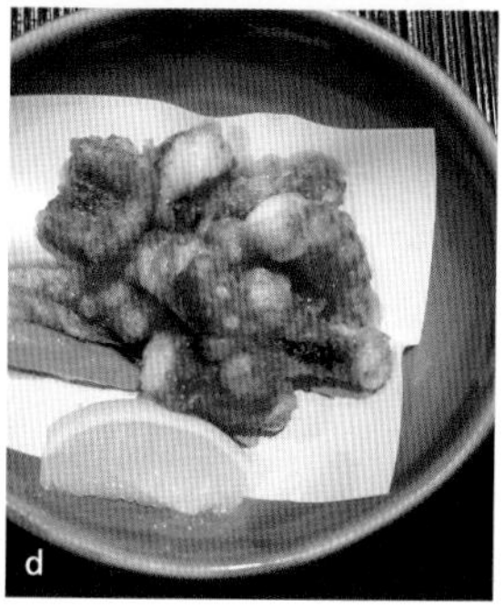

a.
小型蟹肉鍋（980日幣）。

b.
焗烤馬鈴薯南瓜乳酪溫潤順口（680日幣）。

c.
串燒組合根根美味（990日幣）。

d.
酥炸章魚飽滿柔嫩（580日幣）。

e.
秋鮭與蔬菜一起燒烤，吃來齒頰留香（780日幣）。

且出菜的速度也很快。至今我嘗過的許多道料理感覺都很對味，譬如六根的串燒組合滋味無窮、鹽烤秋刀魚嘗來齒頰留香、焗烤馬鈴薯南瓜乳酪溫潤順口、油炸章魚酥脆柔嫩，並且都物超所值，吃過還想再吃。

如果是冬天去，一定要品嘗鍋類料理，首選當然是北海道的代表好料鱈場蟹鍋，另外石狩（鮭魚）鍋、YOSE（什錦）鍋、成吉思汗（羊肉）鍋也很棒。在凍得像天然大冰箱的日本，吃完一鍋真材實料的熱呼呼美食，立刻有了再打拚的能量。

北海道居酒屋的地酒排滿一整牆。

各式地酒更能襯托出料理的鮮美

到居酒屋除了品嘗美味菜餚，好酒自然不可少。既然來到以地酒聞名的北海道居酒屋，入境隨俗地點一杯最能夠佐菜的道地日本清酒再好不過。有一次與日本長輩聊起相撲話題時，我說奇怪為何胖嘟嘟的他們皮膚都那麼白亮細緻？懂酒的伯伯就說因為長期練習相撲的選手衣著單薄，尤其秋冬時節為了禦寒，更少不了要喝幾杯清酒，所以身體溫度升高、血液循環良好，皮膚就像小貝比一樣漂亮白嫩了。這是有科學根據的，愛美的人想不想從今天開始試試看呢？

酒是造物主的偉大恩賜，適度飲酒可促進血液循環。

一直覺得酒是世界上很奇特的一項產物，無論原料是葡萄、小麥或米，經過麴（即酵母菌）的神奇作用之後，居然能夠轉變成人類熱愛的瓊漿玉液，實在是造物主的偉大恩賜。而且產好米的地方，必定產好酒，這也是一種自然定律。論喝起來的口感，其實平常我比較喜愛白葡萄酒，總覺得日本清酒好辣。不過由於一直對日本清酒釀造的相關知識相當好奇，有機會真想親眼參觀工廠的釀造過程。日本清酒基本上分為吟釀、大吟釀、本釀造與純米四大類，向來各有各的愛好者，這幾年異軍突起的燒酎也備受日本人喜愛。在北海道居酒屋的幾十種地酒裡即包含前述各類好酒，也許喝一杯更能夠了解日本人的夜生活吧！

✻ 北海道居酒屋涉谷站前店

地址：東京都涉谷區涉谷1-24-10
涉谷全線座大樓3樓

電話：03-5774-0625

營業時間：16:30~24:00（年中無休）

交通：從東京搭乘JR山手線至涉谷車站，步出宮益坂口，過馬路至對面立刻抵達。

燒酎在日本相當流行。

✻ 新橋四丁目店

地址：東京都港區西新橋2-39-3
sbacks building B1~2F

電話：03-3437-6388

營業時間：（年中無休）

午餐：11:30~14:00（週一～週五）

晚餐：16:30~23:30（週一至週五）
16:30~22:30（週六、週日）

交通：從東京搭乘JR山手線至新橋車站，從烏森口出來，約步行10分鐘抵達

3

創意設計篇

每個品牌的特色與資產皆不同，概念簡單仍然可以發展到極致，讓品牌的生命雋永長久，也令消費者愛不釋手。以下幾個代表性品牌即為最佳典範。

IDÉE
家飾設計界的一流台柱。

做工細緻的黑兔布偶很少見。

在日本社會生存有很明顯的兩個模式，不是及早進入一家大公司往上爬到退休，就是累積足夠經驗以後創業。所以日本的中小型企業不少，並且因為追求極致完美的民族性，這些中小型企業莫不以成為該領域的第一名為目標。不過第一的定義因企業而異，有的是分店數最多、有的是營業額最高、有的是歷史最悠久。只要有市場，無論是縱橫國際的世界級名牌或地方性的始祖級老店都好，每個品牌的面貌與核心價值都獨一無二，也都能吸引忠誠的主顧客。而IDÉE就是日本家飾設計業界以開創風格聞名、SENSE極優的佼佼者。

東京特有的生活型態

座落於南青山的IDÉE總店，暗紅色的外牆看來內斂低調，但一進入店內就馬上會被這個美好空間吸引；高天井的一樓創造出開闊大氣的格局，舉目望去盡是各式優雅細緻的生活雜貨、家飾用品，數量最多的是碗盤、杯壺、花瓶，也有一些文具、飾品，還有一個角落專門展示精選的設計相關書籍。從店內的鐵製階梯往下望，更是一個絕佳的好視野；隔壁與二樓是客廳、臥室、飯廳等的提案空間，陳列的家具包含自行開發商品與歐美進口品，主要針對單身貴族或年輕夫妻，中意者可以立刻坐下來洽談空間設計事宜。

IDÉE有多種客廳的提案空間。

追本溯源IDÉE的發展史，可以說就是創業者黑崎輝男一生的傳奇。黑崎先生年輕時在世界各國旅行，倘佯心醉於歐洲各國的細緻文明，卻發現在東京找不到他想要的生活，因而決定由自己開創。一九七五年起初他以倫敦的古董為中心，進口手錶、鋼筆、打手機、椅子等深具風格的產品。專心經營西洋古董生意之餘，一九八二年投入創造東京特有的生活型態（LIFE STYLE）——質樸但有格調的生活。黑崎先生以生產日本風格的傢俱為起步，透過店鋪營造獨有風格並舉辦各種展覽，呈現IDÉE讓人生豐富的理念。

上：高天井的內部空間相當開闊大氣。
下：IDÉE的生活雜貨、家飾用品優雅細緻。

發掘世界級設計師的推手

IDÉE與日本一般家飾、室內設計公司最大的不同，就是在發掘新銳設計師方面不遺餘力。

從一九八五年開始，IDÉE就著眼於尋找具潛力的人才，而且不限於日本國內。黑崎先生果然深具慧眼，如今活躍於世界舞台的MARC NEWSON、KARIM RASHID等一流設計師，都在尚未受到伯樂賞識的蟄伏時期，即與有心建立特色的IDÉE建立良好關係，為IDÉE開發設計出與眾不同的傢俱，或者由IDÉE代理其設計的商品。這樣魚幫水、水幫魚之下，IDÉE成為完美世界級家飾品牌的同時，也促使日本家飾設計界與國際接軌。

a

b

c

a.
展示設計相關書籍的角落。

b.
IDÉE客廳的提案空間講求氣氛與風格。

c.
要了解質樸有格調的生活就到IDÉE。

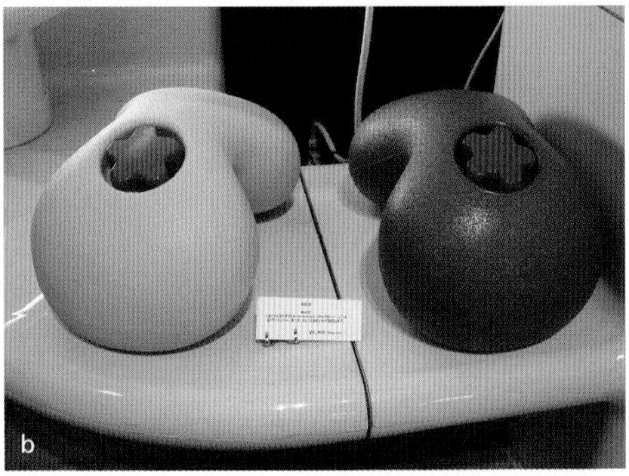

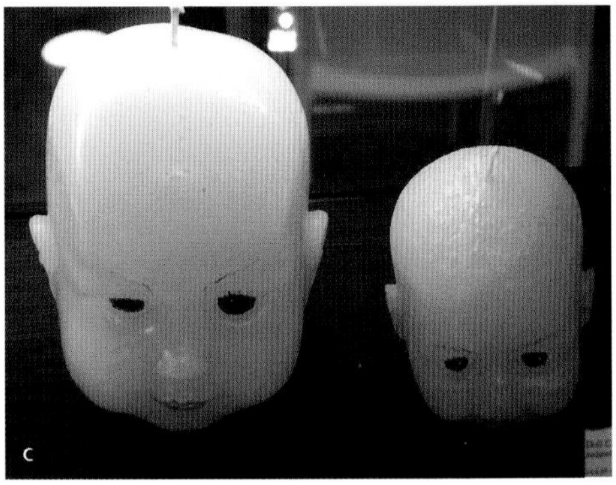

a.
IDÉE的家飾用品具國際水準。

b.
MARC NEWSON設計的門止。

c.
BABY臉的蠟燭像真的娃娃。

我平常很喜歡吸收設計相關訊息，不時在室內設計或時尚雜誌看到這些大師的作品。例如MARC NEWSON為義大利MAGIS公司設計的門止，前衛的外形像來自外太空；塑膠製的材質，注入水或沙以後可以擋住厚重的門防止關上。我覺得這個門止作為鍛鍊身體的啞鈴也頗合適呢！還有一組BABY臉的蠟燭，惟妙惟肖的製作功力，簡直不輸英國杜莎夫人蠟像館。這些趣味當然也是刺激客人購買的要素之一。

向國際舞台進軍的輝煌紀錄

企業除了固守格局，也必須藉由注入新活力防止品牌老化。IDÉE在業界帶領潮流了二十多個年頭，經歷過不少風光時刻，二〇〇〇年曾以SPUTNIK之新品牌伸向海外。在傢俱

樣品市集聞名的米蘭一處戶外停車場上，設立一個直徑十公尺的球體展示空間，發表許多獨一無二的創意傢俱。這個展示活動並同時於紐約、倫敦，柏林等地舉辦。於是SPUTNIK初試啼聲即擄獲世人驚艷的眼光，大大打響其世界級的知名度，為IDÉE創造了前所未有的光榮紀錄。在顛覆舊有窠臼之餘，一群新的IDÉE迷也隨之誕生。

延續SPUTNIK帶來的光芒，IDÉE曾於二〇〇一年在涉谷神宮前成立SPUTNIK PAD店鋪，影響力不是只停留在表面上的流行，而是傳達出一種深入骨髓的精神。只是有時候前進得太快，且屬於前衛尖端級的產品，難免會有曲高和寡的現象。店鋪目前雖然暫時停業，未來仍有重起爐灶的計畫。

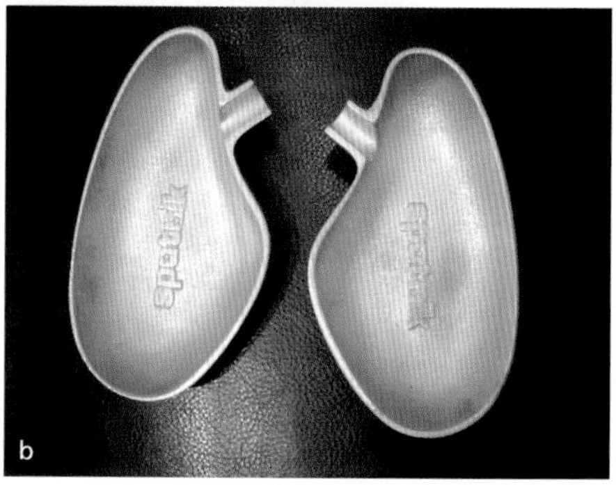

a.
曾出征米蘭的球體展示空間。（IDEE提供）

b.
SPUTNIK產品前衛尖端。

c.
造型新穎別緻的茶壺。

令人讚賞的飲食空間＆料理

IDÉE除了擅長設計空間，餐廳也經營得很不錯。位於六本木之丘的Rojak，以陽光、水、土、風、大地之氣為主題，紅木條框架玻璃牆面的外觀極有個性，料理以泰國、越南、印尼菜餚為基調，一進到裡頭就令人感覺很放鬆。本來我對東南亞料理並不特別感興趣，但Rojak幾道菜都讓我印象深刻。除了基本的生春捲，包裹蝦子、菇類的炸米捲，沾上酸辣的醬料，吃來實在順口；放山雞翅膀肉多又嫩，沾一點五香粉更美味。Rojak價格也算合理，是一處表裡皆令人滿意的餐廳。

a

b

a.
生春捲口感清爽。

b.
Rojak料理極為美味。

c.
以陽光、水、土、風、大地之氣為主題的Rojak餐廳。

c

而在青山總店三樓的Caffe @ IDÉE，是一間義大利風格的咖啡屋，無論室內氣氛、音樂、簡餐，都呈現一種輕鬆的氣氛，天氣晴朗時坐在陽台上，心情格外舒暢。裡頭還設有一間HAVANA個室，方便小團體聚會。另外在辦公大樓群集的丸之內地區的MARUNOUCHI CAFÉ，則是個充滿書香的知性空間，有時還可以看到精彩的小型展覽。對附近置身於水泥叢林的上班族來說，此處宛如一個心靈綠洲。

a.
義大利風格的Caffe @ IDÉE。
（IDÉE提供）

b.
宛如心靈綠洲的MARUNOUCHI CAFÉ。
（IDÉE提供）

空間設計的高手

倡導「LOW LIFE, HIGH THINKING」理念的IDÉE，近年來為人稱道的作為乃是古建築物的再生事業。其中最受推崇的成功案例為東京都世田谷區一所廢棄校舍。二〇〇四年十月設計師以懷舊結合創新的發想為主軸，發揮巧思注入創意，將一所死氣沉沉的古舊中學變得煥然一新，正式改名為「Ikejiri Institude of Design」。「Ikejiri Institude of Design」不僅成為實用的辦公室，也是藝術家舉辦個展的嶄新舞台。如此再利用閒置空間的高超能力，就像魔術師施展魔法般巧妙，為IDÉE博得更加不凡的名聲。

IDÉE的成長呈現多面向，但始終秉持著營造舒適空間的初衷。我去過位於青山的IDÉE總店好幾次，但仍然對IDÉE充滿好奇。為了體會IDÉE運用空間的高明技術，在知道涉谷的THE NORTH FACE運動服飾用品店為其代表作之一時，自然迫不及待前往！THE NORTH FACE不但充分利用每一寸空間，又能夠凸顯商品特色，IDÉE的功力果然不同凡響。

IDÉE強調LOW LIFE、HIGH THINKING。

IDÉE提供美好生活的示範。

THE NORTH FACE運動服飾用品店為IDEE設計代表作之一。（IDÉE提供）

每天面對那麼多情報或商品，就像漂浮於汪洋大海，有時候實在會產生不知如何取捨的茫然焦慮感。有一天我了悟不管是工作或生活，要用一種減少束縛的角度來選擇整頓，只要將當下自身需要之物納入加以活用，人生立刻會輕鬆很多。IDÉE提供的是一個參考示範，讓每個上門的客人都成為善於打理生活的風格達人。

✻ IDÉE SHOP

地址：東京都港區南青山6-1-16
電話：03-3409-6581
營業時間：11:30~19:30（不定期休）
交通：從涉谷搭乘地下鐵銀座線或半藏門線至表參道車站，由A3出口步行約5分鐘抵達。

✻ Rojak

地址：東京都港區六本木6-10-1 ROPPONGI HILLS HILLSIDE B2
電話：03-5770-5831
營業時間：11:00~25:00（17:00~18:00休）
交通：從惠比壽搭乘地下鐵日比谷線至六本木車站。

✻ MARUNOUCHI CAFE

地址：東京都千代田區丸之內3-3-1新東京building 1F
電話：03-3212-5025
營業時間：08:00~21:00（週一至週五）
11:00~20:00（週六、週日&節日）
交通：搭乘JR至有樂町車站。

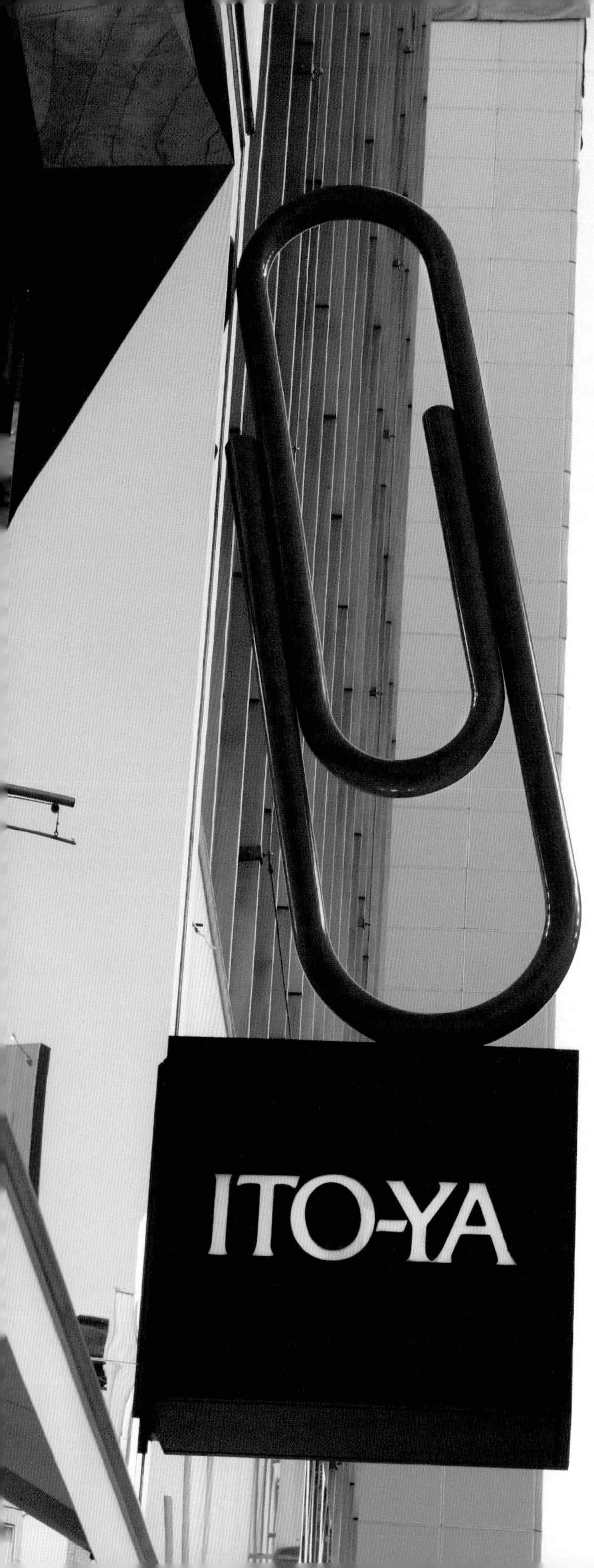

伊東屋ITOYA
最齊備的上班族文具王國。

深受老主顧喜愛的伊東屋與銀座共譜存亡物語。

以一個紅色大迴紋針裝飾招牌的伊東屋（ITOYA），百年來躋身於繁華的銀座街頭，即使周圍被國際精品環繞，卻無人能忽視它的存在。伊東屋代表的是一種無可取代的文人氣質，除了是一間高級文具（STATIONERY）專門店，更是一部與銀座共同走過生死存亡的精彩物語。如果想要完整了解銀座的發展軌跡，對伊東屋這個見證者絕對不能等閒視之。

文具＝伊東屋＝銀座

二〇〇四年剛過完一百歲生日的伊東屋，早在明治時代即成立於銀座三丁目，販賣的商品種類之繁多與細緻，堪稱是最齊備的上班族文具天堂。總站在時代前端領先推出新產品的伊東屋，千萬別以財大氣粗的大商家標準來看待它。充滿文人思想的創業者伊藤勝太郎的精神延續至今，著重的不是賺大錢，而是如何能滿足熱愛伊東屋的忠實顧客。喜歡文具、伊東屋和銀座的「文化人」（包括許多知名作家、畫家），無論是為工作或個人嗜好方面的需要，經常大老遠從日本各地前來，因為只有

右頁圖：紅色大迴紋針是伊東屋的象徵。

伊東屋才能充分滿足這份需求。也是因為這群老主顧的熱情支持，讓伊東屋心甘情願走過一百個年頭。

有不少想在銀座發光發熱的高級品牌，由於經不起激烈的市場考驗而結束營業；然而伊東屋雖然歷經一九二三年關東大地震與一九四五年戰火吞噬，卻依舊堅持理念重新興建店鋪營業，像個堅持風骨、不畏困境的雅士，挺直腰桿屹立不搖。最大主因是伊東屋清楚自己的定位，既不快速盲目擴張版圖，也不譁眾取寵降格販賣一些可多賺銀兩的流行商品。到目前為止，伊東屋除了地標的銀座本店，只有七家文具分店以及兩家紙品專門店，都是一步一腳印慢慢成長茁壯起來的。

a.
銀座伊東屋總店包含3個館。

b.
美麗和扇上的浮世繪。

c.
3館的和風紙屏風。

d.
伊東屋銀座3館以和風商品為主。

1 0 5 5

台北市南京東路四段25號11樓

大塊文化出版股份有限公司 收

廣告回信
台灣北區郵政管理局登記證
北台字第10227號

地址：

市　　鄉／鎮　　路　　段　　巷　　弄　　號　　樓

縣　　市／區　　街

（請寫郵遞區號）

大塊文化 LOCUS **讀者服務卡**

謝謝您購買本書！

如果您願意收到大塊最新書訊及特惠電子報：

- 請直接上大塊網站 **locus**publishing.com 加入會員，免去郵寄的麻煩！
- 如果您不方便上網，請填寫下表，亦可不定期收到大塊書訊及特價優惠！
  請郵寄或傳眞 +886-2-2545-3927。
- 如果您已是大塊會員，除了變更會員資料外，即不需回函。
- 讀者服務專線：0800-322220；email: locus@locuspublishing.com

姓名：________________ **性別**：□男 □女

出生日期：____年____月____日 **聯絡電話**：____________

E-mail：________________________

您所購買的書名：____________________

從何處得知本書：1.□書店 2.□網路 3.□大塊電子報 4.□報紙 5.□雜誌
6.□電視 7.□他人推薦 8.□廣播 9.□其他

您對本書的評價：

(請填代號 1.非常滿意 2.滿意 3.普通 4.不滿意 5.非常不滿意)

書名____ 內容____ 封面設計____ 版面編排____ 紙張質感____

對我們的建議：____________________

伊東屋員工是各類文具的專家。

各種文具專家彷彿一本本活字典

伊東屋近三百名員工每一位都是各種文具的專家，每個員工都很努力吸收相關領域的各類知識，與伊東屋一起成長。想想看如果不是真心熱愛文具，也很難日復一日快樂地與文具為伍，進而提供給每位客人最完善體貼的服務。在伊東屋店內不同樓層，都能看到很有氣質的小姐或先生隨伺在客人身旁，只要是這些專業知識豐富的達人所負責的領域，幾乎所有疑難雜症都能解決，讓人非常感動。

有一次我想買一支高級鋼筆送給待我親如爸爸的日本長輩，住東京的朋友建議去伊東屋。只在小學時代用過鋼筆的我，到了伊東屋之後，想憑直覺以外觀與價位來選擇，但又覺不妥。結果遇到一位資深店員，耐心地從筆尖、墨水管、筆身與筆蓋等細部一一解說，並分析不同品牌的特色，我才知道原來日文稱為「萬年筆」的鋼筆，是具有那麼多學問的一個有趣世界，怪不得即使身處網路時代，念舊的人還是忘不了用鋼筆書寫的美好感覺與親切人味。當下立刻對這位知識淵博的鋼筆達人肅然起敬。可以想見伊東屋員工裡，不知暗藏著多少各類文具的專家。伊東屋貼心的解說服務實在令人印象深刻，而且從來不會強迫推銷。這次的經驗讓我以後在文具上有什麼需求，都會自然而然想到伊東屋。

帶來感動的各領域齊全商品

在伊東屋琳琅滿目的商品裡，特別以辦公室文具、繪畫用具和紙類用品最具代表性。在這裡，不論是筆記本、卡片也好，毛筆、和紙也罷，甚至連地球儀都有一大堆，連辦公桌椅也有，反正任何想入手的項目，至少都有十幾種，有的甚至選擇多達上百種，每位客人都可以根據預算、喜好、需

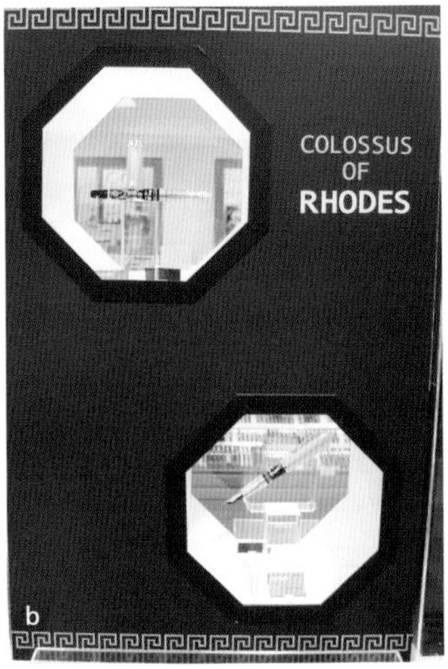

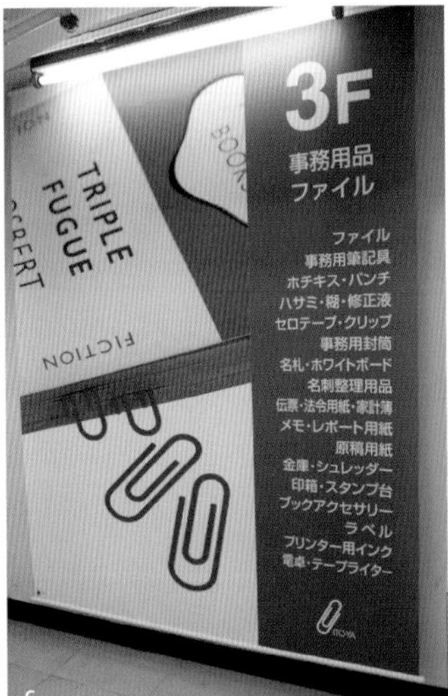

a. 要買名牌鋼筆也有許多選擇。

b. 在伊東屋買鋼筆的經驗十分愉快。

c. 各樓層有明確的商品看板。

求和目的，心滿意足地買到自己想要的物品。這不知是經過多少人的腦力、巧思與經驗，才營造出如此周全的文具天堂。而即使是很小的需求，伊東屋也會細心照顧到，譬如蠟筆少一個顏色、筆記本內頁短缺等，都可以在伊東屋補足。

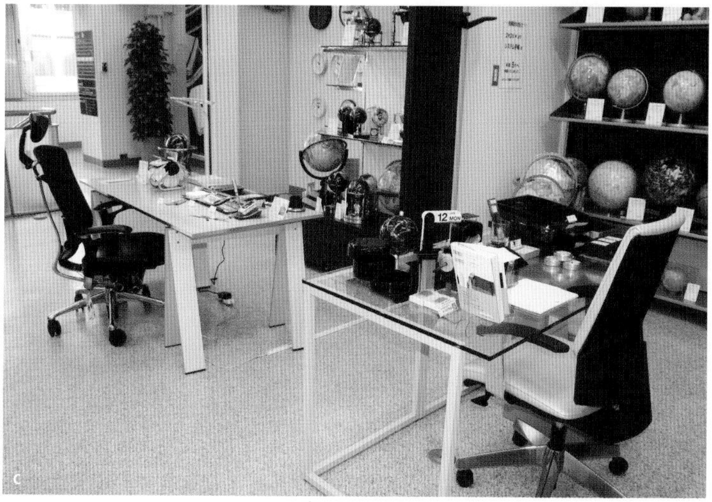

a.
一張張和紙根據顏色材質放在特製櫃子裡。
b.
想要什麼樣的筆記本都有。
c.
在伊東屋連辦公桌椅也買得到。
d.
多種信封的臘封提供選擇與示範。
e.
挑選不完的各式可愛印章。
f.
創新有趣的聖誕節佈置。

直到今日，「MADE IN JAPAN」仍是品質優良的保證，然而伊東屋的商品除了向日本國內的優質廠商採購，也放眼於世界各地選擇好商品，極盡所能滿足各種要求美學與功能兼具的挑剔客人。伊東屋的營業額約有十分之一來自進口商品，隨時為客人引進的新風格商品，如鋼筆、筆記本、檔案夾等，以及許多昂貴的高級家飾用品等，不乏來自歐美的經典老牌，如GEORG JENSEN、萬寶龍；而毛筆、硯台等則有許多來自中國的好貨色。

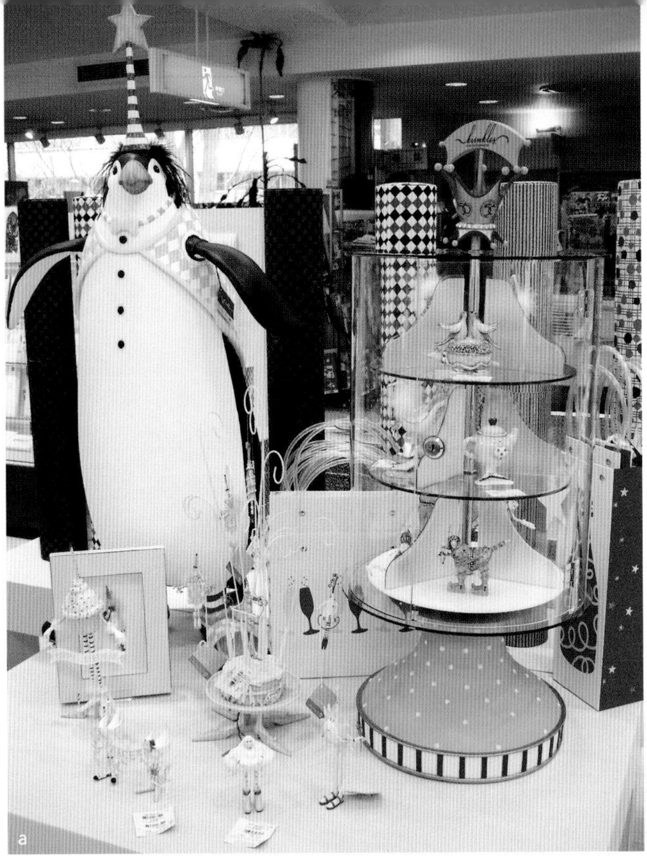

a. Papierium陳列清新俏皮。

b. 伊東屋有許多高檔貨。

c. 伊東屋也進口丹麥名牌GEORG JENSEN。

與時俱進的精緻化經營

任何企業的經營都會經過草創、穩定成長與老化等不同階段，每個階段要面對的長期目標、短期任務自然不同。伊東屋步過百年歲月，至今所突破的難關或困境如人飲水冷暖自知。雖然經常被請教經營之道，低調含蓄的伊東屋並不熱衷於在媒體上大肆宣揚，總是孜孜不倦地思考老品牌如何走出新面貌。

二〇〇五年十月在廣尾成立的Papierium（二〇〇六年二月在銀座成立第二店），對伊東屋來說是經營品牌之路上，邁向更精緻多元的區隔化經營，這也是日本許多老品牌必須順應的趨勢。由於伊東屋向來對紙類用品情

令人倍感懷念的唱片播放機。

Papierium是伊東屋精緻區隔化的新形態店鋪。

Papierium是紙的美好世界。

有獨鍾，於是開闢出這個全世界少見的紙品天地，對伊東迷來說則是多了一處可以尋寶的樂園。Papierium內部販賣的五千種商品全部與紙有關，不管是一般人想得到、想不到的名堂這裡都有。Papierium旨在藉由靈活改變運用「紙」，來妝點美化日常生活，並讓客人享受「玩」紙帶來的樂趣。目前在店內舉辦的紙藝講座，極受女性客人歡迎。

因為我向來有收集信紙信封、卡片、紙袋與和紙的嗜好，在伊東屋買過好幾次這類商品。學生時代除了常參加美術比賽，也刻過紙雕作品、設計過卡片，對紙有相當程度的認知與喜愛。因此當我一進入位於廣尾、明亮

Papierium店內舉辦紙藝講座。

令人看了就想收集的信封信紙。

雅致的Papierium時，真的百分之一千感覺到無以倫比的純粹與美好，頓時好像每個細胞都活潑跳躍起來，接收到一種充滿創意的超級能量，當下就想動手來做個勞作，完全明瞭伊東屋對紙的尊重與熱情。能夠把紙發揮到這種地步，相信世界上也只有完美主義的日本人有辦法！發明紙的老祖宗蔡倫若地下有知，不知是會含笑佩服老鄰居或是慨嘆子孫不爭氣？

✻ 伊東屋本店
地址：東京都中央區銀座2-7-15
電話：03-3561-8311
營業時間：10:30~20:00（週三～週六）
10:30~19:00（週日～週二＆節日）
交通：從東京搭乘地下鐵丸之內線至銀座車站，
從A13出口步行約3分鐘

✻ Papierium
地址：東京都港區南麻布4-1-29廣尾GARDEN 2F
電話：03-3442-1108
營業時間：10:00~20:00（每月第二、三個週二休）
交通：從東京搭乘JR山手線至惠比壽，
再轉搭地下鐵日比谷線至廣尾車站下車，
從1或2出口步行約3分鐘

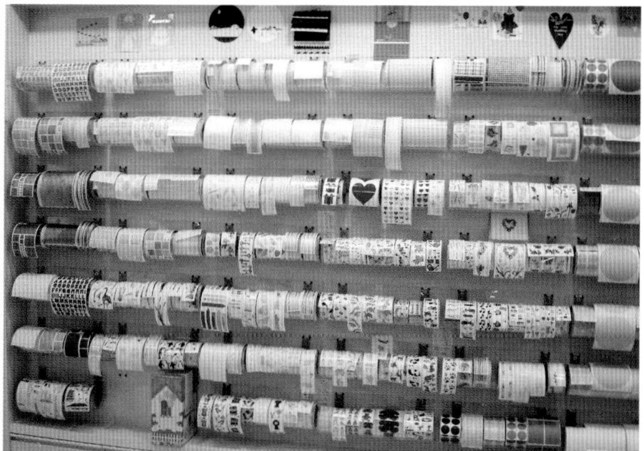
即使小小的貼紙也追求極致。

無印良品
老少咸宜的無記號好東西。

無印良品已漸漸打入台灣人的生活。

MUJI是一個全球性品牌。

重新登陸台灣的無印（MUJI）良品，從分店一家家開幕的熱烈情況看來，似乎已漸漸融入國人的生活之中。其實多年前無印良品曾被小型貿易公司引進，無奈時機不到而結束營業，喜愛無印良品的粉絲只得跑到日本採購。如今由資本雄厚的統一集團正式代理，顯示台灣的生活用品市場已趨於十分成熟的階段，進口、本土大小品牌百花齊放的結果，最幸福的就是選擇眾多的消費者。

橫掃全世界的國民品牌

推敲研究跨國性品牌的成功之道，是一件很有趣的事情。創立於一九八〇年的無印良品在成立當時，只是西友株式會社附屬地位的自營商品。這個「沒有記號的好東西」，店鋪定位為生

a. 目前無印良品的眼鏡尚未引進台灣。

b. 無印良品的服飾樸素容易搭配。

活型態（LIFE STYLE）的提案。八〇年代初期的日本社會，正處於崇尚修飾性高的歐美設計師風潮，相對地也形成一股反知名品牌的力量。堪稱愛國者的西友社長堤清二，號召幾位志同道合的設計界朋友一起催生出無印良品，商品開發概念的金三角為：嚴格挑選素材、刪減多餘製造工程與簡化包裝，SLOGAN為「低價就是理由」，更常強調環保。雖是無心插柳，由於切入大眾市場的慧眼實在準確，終究孕育了無印良品強大的生命力。

二十幾年來無印良品從只有四十項商品的嬰兒，茁壯為今日擁有七千多樣商品的壯年人，種類之多包辦了消費者的食衣住行育樂等各個層面。商品的開發製造乃依照顧客需求導向，客層以十八至三十五歲為主，目前在日本分店已突破三百家，海外有五十幾家分店，可見無印良品

a. 深受歐洲人喜愛的MUJI巴黎分店。
（無印良品提供）

b. 壁掛式CD PLAYER是熱門商品。

c. 無印良品素色的杯、碗簡單大方，選擇豐富。

d. 無印良品各類食品深受歡迎。

如水銀般滲透的驚人勢力。雖然在台的分店目前只引進居家休閒服飾、生活雜貨、傢具與食品四大類，電器用品（因電壓問題，只進經典的CD PLAYER）、童裝、眼鏡等都還買不到，但以如今講究生活品味族群日益增多的趨勢來看，相信品質良好、容易搭配、又具有單純美感的無印良品，在國內仍大有可為。

十年前在日本唸書時，屋裡的組合書架、收納盒都是無印良品的商品，堅固耐用又價格合理。更喜歡吃無印良品的泡菜味乾麵、爆米花、明太子米果等食品，深深明瞭其被稱為日本國民品牌的原因，好比台灣已有上百家的「生活工場」。無印良品標榜簡約、自然、基本的獨特風格魅力，不僅橫掃日本全島，更吸引全世界無數喜愛美好生活、又不想花太多錢的消費者，這一點從英國、法國、義

車站的COM KIOSK是符合消費者需求的新店鋪。

大利、德國、瑞典、愛爾蘭、挪威、香港、韓國、新加坡、大陸（上海）等地都設有分店（美國只有紐約的MOMA博物館內設有無印良品一小間店面）此一事實得到印證。連世界金腳貝克漢夫婦、凱特布蘭琪、凱莎琳丹妮芙、強尼戴普&梵妮莎夫婦等名人都曾在無印良品消費過，可見無印良品所向無敵、跨越國界的不凡魅力。

商品設計符合人性需求

很喜歡玩味無印良品隱藏在簡單外型背後的創意。舉例來說，無印良品曾以大學生為目標族群，前往這些大學生的房間各個角落拍照，以設計出改善其生活的有用產品；比如單手可按壓清潔液的空瓶、底座可置放眼鏡的床頭燈（免得戴眼鏡的人半夜醒來找不到眼鏡）、線條簡單又不佔空間的純白電鍋（非常適合單身居住者使用，價格也不貴，只要七千九百日幣）。開發商品完全深入消費者內心需求（CONSUMER INSIGHT）。同時無印良品也充分尊重消費者意見，任何人皆可上網留言，待專人整理後會直接傳達給設計部門。無印良品每年藉此改良多樣的商品細部，如此尊重消費者心聲實在令人感動。

魅力衝破國界的無印良品倫敦店。
（無印良品提供）

前往限量販賣的MUJI餐廳要趁早。

為了突破老品牌的窠臼，這幾年無印良品陸續邀請國外優秀設計師操刀，發想開發別有新意的產品，如此更增添一股國際品牌的氣勢。如義大利設計界巨擘ENZO MARI設計的桌椅、英國的SAM HECHT設計的床與沙發、德國的KONSTANTIN GRCIC設計的邊桌與附刷子的衣架等。這些設計師商品依然秉持無印良品獨特的所謂「匿名性」，也就是即使有大師操刀，商品卻見不到設計師濃厚的個人色彩，將設計回歸到物品的基本功能面，而無多餘的裝飾，如此才符合無印良品的品牌精神。

擴大事業經營範圍＆精益求精的理念

日本本地的無印良品勢力版圖更延伸到餐飲業，截至目前「MEAL MUJI」餐廳已有三間。其經營理念為最大限度發揮食材本身原味，採用如北海道十勝產的大豆、秋田縣的優質米、群馬縣的有機蔬菜等，不僅從各地嚴選食材，而且季節限定、價格合理。我在有樂町店嘗過兩次簡易套餐；一次是秋色溫菜，包含蘿蔔飯、玉米鮭魚漢堡、茄子煮番茄、蝦仁雞塊湯等，菜湯都充滿自然風味；另一次是鐵盤雞腿翅餐，與香草、椎茸、洋蔥一起烤的香酥口味，讓我回台後忍不住自己試做。「MEAL MUJI」的餐點每天有限定份數，務必早點去才能如願以償。此外還有四間以「食的安心、安全」為概念的CAFÉ MUJI咖啡屋，推出的簡餐、點心都很美味，是年輕人愛去用餐、休憩的好地方。

電鍋美學、功能兼具。

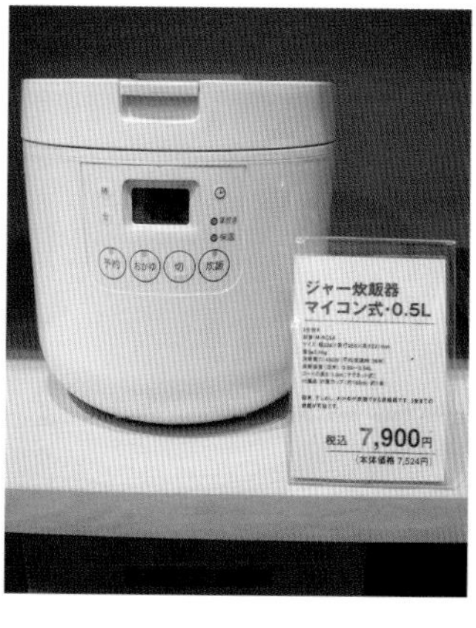

a.
MUJI的餐廳寬廣舒適。

b.
無印良品香噴噴的麵包每天定時出爐。

c.
雞肉餐香酥可口。

a.
無印良品的傢俱、器物項目豐富。
b.
無印良品營造的空間令人感到安心。

有幾則無印良品效應所產生的逸事不能不提。新潟縣鄉下一間老舊的浦島旅館，由於老闆改建時預算有限，經過北山恆建築師精心構思，不僅外觀以簡單的玻璃磚、石板為素材重新打造，旅館內部陳設的傢俱、器物等，也全部使用無印良品的產品。住宿在這樣被無印良品環繞的空間，想必心情也能夠洗滌至非常SIMPLE、PURE的地步，哪天我一定要去造訪投宿。更絕的是連大阪關西紀念醫院新建的精神科病房，基於汰換性與設計感的原則，從床、沙發、桌椅、櫃子、餐具，到被褥、床單、枕頭等，一律選用無印良品，為的就是提供給病人一個適合身心安養的舒適空間，可見無印良品在日本人心中的份量。

樣品屋「木之家」溫馨簡約。

上班、上學就以MUJI腳踏車代步。

二十四小時全方位置身無印良品世界

對無印良品的忠誠支持者來說，在每天的生活中使用無印良品，就等於親身實踐簡約美學。讓我們來想像一下好了！從一早喚醒人的鬧鐘、盥洗用具、餐具、穿著衣物、代步腳踏車，返家後開伙的鍋具、微波爐，還有生活中不可或缺的收納箱櫃、傢俱、電話、冰箱、洗衣機等家電、洗澡的裝備，到一天尾聲的休憩床組，從居家到上學、辦公所需，甚至基本的三餐食材、打牙祭的零食飲料等，全都可以在無印良品買到。真的是二十四小時都可以無限使用，無印良品可說是全方位地打入消費者的生活中，包辦了人的裡裡外外。

「木之家」價格不包含傢俱。

現在全日本已有十幾間樣品屋「無印良品之家」，東京有樂町旗艦店裡也設置了一間由無印良品打造的雙層「木之家」，客廳、寢室、浴室、廚房、書房等一應俱全，二十坪左右造價為一千六百四十七萬日幣（不包含傢俱），讓人實際體驗置身MUJI的感受，聽說反應不錯。

每個人的生活中總是有許多大大小小的問題需要解決，所以無印良品永遠不可能從地球上消失。無印良品"NOTHING MORE BASIC THAN MUJI"的哲學，是以「素」為宗旨的思想基礎，來自日本自古以來的美學意識，蘊含一種無為而治的力量，雖然不具有國際精品奢華麗虛榮的吸引力，卻能夠超越國界通行全世界，讓愛用者像上癮般，想要一樣樣收集產品，不知不覺成為無印良品的忠實信徒。

如果想窺得無印良品完整的全系列商品，務必前往面積約三千平方公尺的有樂町旗艦店，賣場陳列完全用商品演繹MUJI的根本精神，還包含「MEAL MUJI」餐廳，保證不虛此行。

＊

無印良品有樂町旗艦店
地址：東京都千代田區丸之內3-8-3 infos 有樂町
電話：03-5208-8241
營業時間：10:00~21:00
交通：搭乘JR山手線至新橋車站，出口步行約5分鐘即抵達。

無印良品蘊涵一種「素」的哲學。

生活便利篇

4

日本的物價雖高，但仍有一些物美價廉的品牌，不只在當地極受歡迎、使居民的生活更加便利，也可以滿足外來遊客購物消費的基本需求。

LOFT 都會人的雜貨百貨公司。

LOFT是雜貨百貨公司。

日本的雜貨文化已進入非常成熟的階段，對一般居民的日常生活來說，雜貨的重要性彷彿空氣般自然。日本雜貨發展的面貌異常多元蓬勃，不用說原宿、澀谷、自由之丘、代官山等地的大街小巷裡，不規則分布的雜貨店鋪多到數不完，大專院校甚至特別開闢生活雜貨方面的專門科系，認真地將雜貨當作一門學問來研究；雜誌不是習慣企劃雜貨店家大蒐集，就是將賞心悅目的雜貨分門別類特寫介紹，更有專業的雜貨雜誌如《雜貨CATALOGUE》等；台灣也有播映的「電視冠軍」節目還曾經做過「雜貨通」的主題報導。上述現象在在反映日本人普遍使用雜貨妝點生活的習慣，在媒體活躍的雜貨達人也不少，實在令人打自心底羨慕。而LOFT就是讓我不得不提、以雜貨為主的代表性連鎖店。

劃時代的雜貨專門店

隨著我們的雜貨國民品牌「生活工場」突破上百家，顯示國人使用雜貨愈來愈普及。現在大家通用的「雜貨」一詞，最早是由日本雜貨界元祖——文化屋——於

自由之丘散佈許多雜貨店鋪。

黃底黑字的LOFT招牌簡單醒目。

一九七四年開始使用，同年並開設文化屋雜貨店，為日本開展雜貨史的新頁。日本人做任何事原本就有一種追根究底、講求極致的精神，加上受西方思潮影響甚早，一九八一年由AFTERNOON TEA（SAZABY旗下）引入歐洲的雜貨，日本人深受啟發，由此進入日本雜貨史的第二個重要階段。而一九八七年十一月LOFT的誕生，則是步入雜貨本土化（LOCALIZE）的開端，代表日本雜貨狂潮的集大成。

LOFT第一家店在涉谷設立，不帶任何漢字、黃底黑字的招牌非常顯眼，自第一家成立之後就一直是極受日本年輕人愛戴的雜貨殿堂。以百貨公司的形態主題式販賣雜貨，對當時的零售業來說，具有劃時代的意義。因為雜貨普遍單價低，坪效不高，整棟樓全部販賣雜貨根本不被看好。不過東家西武百貨獨具慧眼地把雜貨當作一門大生意來經營，PARCO、零售業集

情人節的美麗商品。

團AEON等也是大股東。目前LOFT共有三十一間分店（包含加盟店），年營業額約五百七十億日幣。由於店鋪與社區居民需求深入結合，興衰起落的幅度很小。

以單身女性為商品企劃主軸

至今猶記得十幾年前初次「參拜」LOFT時驚訝佩服的感覺。當時台灣還沒有雜貨專門店，講起「雜貨」，大部分人也沒概念，然而日本這個扶桑近鄰已經發展到如此地步，喜歡

LOFT代表日本雜貨狂潮的集大成。

a.
LOFT的成功之道在商品企劃。

b.
商品企劃包裝後，提供消費者在生活上的靈感與刺激。

c.
心型燈具相當受女性喜愛。

雜貨的我不禁直嘆為何兩地差異這麼大。分析LOFT的成功之道，商品企劃扮演了關鍵性的角色。LOFT主張其產品一定是經常於日常生活中使用的東西，換句話說，全部商品都與人的生活有關，小至一支筆、一盞燈，大到一個書櫃、一張床都有，而且種類非常豐富，來到這裡可一次購足所有需要的東西，為懶得到各處分別購買的人省去許多時間和精力。

顧客百分之七十五為二十世代單身女性的LOFT，每個月會列出十項暢銷商品排行榜，作為客人選購的參考。比如說女性比男性更常出國旅行，在這裡起碼可以找到上百種大大小小的行李箱或旅行背包；開架式化妝品少說也有幾十個牌子，不用麻煩專櫃小姐，自己就可以自在地試擦塗抹。LOFT的採購人員除了心思細膩，還必須具備對社會變化敏銳的觸角，例如流行喝茶以癒療心靈時，店裡馬上買得到各類花草（HERB）。不要覺得可笑喔！連時下流行的角色扮演女侍制服也有呢！

主題式販賣各類雜貨

LOFT會配合四季或節慶不定期推出專案，特價促銷某類主題商品；例如以悠閒旅行為主題時，包括腳踏車、背包、水壺、雨傘等都在特賣之列；以

a.
喝花草茶以癒療心靈。

b.
因應單身女性出國旅行頻繁所販賣的行李箱。

c.
扮演女侍輕鬆一下？

d.
開架式化妝品種類繁多。

a.
傳統色彩的新年賀卡。

b.
情人節的巧克力相當暢銷。

c.
再挑剔的人也找得到中意的筆記本、日誌。

放鬆、沐浴為主題時，就促銷毛巾、盥洗用具、洗面乳、洗髮乳等；天氣炎熱時，會推出去海邊游泳、玩水的相關用品；以返回校園為主題時，自然就是消費者購買各種文具用品的好時機；到了歲末年終，則由各式各樣的月曆與新年度的筆記本、日誌上場；情人節當然也不免俗地熱銷巧克力、糖果等。LOFT的特賣促銷因為價格合理、品質也不錯，顧客的回籠率相當高。

LOFT每一類主題都盡可能備齊所有選擇，充分發揮日本人個性裡完美主義的因子。透過不同功能、造型、材質、色彩的雜貨，LOFT為消費者提供多種理想空間的擺設示範，還有不定期舉行的特展，如京都物品展，激發出客人對生活更

a,b,c：京都物品特展。

加敏感的熱情。在LOFT各樓層閒逛時，當然明瞭所見的各種花招都是商業機制的運作，要顧客掏腰包的甜蜜手段，但只要商家訴求得有道理，消費者還是會心甘情願地消費。

雜貨是引燃生活樂趣的火花

要抓到以雜貨為生活增添色彩的竅門，需要花許多時間去摸索嘗試，參考日本相關雜誌書籍，則是快速領略技巧的好方法之一。消費者可以從自己的喜好開始著手，或者以某種色彩或材質去延伸購買，慢慢就會形成自己的風格。從一個人選擇雜貨的眼光，可以看出他的個性；有的人喜歡繽紛熱鬧，有的人覺得單純統一看起來比較舒服。不過擺設各種雜貨需要取得彼此之間的平衡感，比方說細緻的骨瓷杯碟，可別擺在一張民俗風味的原木桌子上，造成突兀雜亂的視覺疲勞；也切記不要因為便宜，而買了一大堆完全不實用的東西，反倒把家裡搞得像倉庫，失去雜貨裝飾生活、為生活添加感性因子的美好目的。

選擇何種雜貨反映個性。

合適的雜貨為生活帶來樂趣。

經由LOFT的提醒建議，即使一次只買一樣商品，平凡單調的生活也會慢慢開始產生改變。每次買到一樣造型奇特或功能實用的雜貨，都會覺得有種小小的快樂。二〇〇六年LOFT主打新生活系列用品，家具，沙發、床、餐桌、書桌、椅子、高矮櫃、燈具等，樣式豐富、選擇多元，即使搬不回來，也能帶給自己不少居家佈置的點子呢！

在LOFT眾分店中，最早誕生的涉谷店可說是元祖級的旗艦店，商品極具代表性，喜歡雜貨的人一定要來造訪。

＊涉谷店

地址：東京都涉谷區宇田川町21-1

電話：03-3462-3807

營業時間：10:00~21:00

交通：搭乘JR山手線至涉谷車站下車，從HACHI公（犬雕像）口方向出來，朝西武百貨的A館與B館間的井之頭通直走，步行約5分鐘抵達。

2006年主題為新生活。

TOKYU HANDS
各種名堂都有的
生活創意中心。

TOKYU HANDS以DIY用品為最大特色。

在講求個性化的今日，挑剔的消費者愈來愈多，有時候現成的商品看不上眼，有時候又對價格不滿意。於是，喜歡自行組合各類用品的DIY（DO IT YOURSELF）族群便與日俱增。自己動手雖然花費不少時間與工夫，但符合「自己流」需求的成品獨一無二，組合過程又能夠帶來成就感與樂趣，所以DIY已經成為生活中的一種休閒活動。日本人在這方面的發展比台灣更早成氣候，其中東急手創館（TOKYU HANDS）就是以DIY用品為特色的代表性店鋪，也可以說是各種名堂都有的生活創意中心。

從人衍生出的全面性生活用品

十多年前第一次去東急手創館時，覺得這名字取得很別緻，立刻牢記LOGO上的一雙手。東急手創館早在一九七六年就已誕生，以「人類的豐富性」為基本概念開始發展事業，強調透過雙手去發現、創造、製作東西的樂趣。如此聚焦於一個人，進而延伸至家庭、工作場所等不同空間，可以開發的商品簡直沒有盡頭，全國民眾都是目標族群。也正由於這種無邊界的拓展性質，東急手創館能夠滲透到普羅大眾的生活裡，又足以懷抱不斷成長擴大的願景。

透過雙手去發現、創造、製作。

涉谷店門口有熱愛蒔花弄草者的盆栽。

目前東急手創館全日本共有十六家店鋪（另有體系內的近十家專門店），以我去過幾次的涉谷店來說，真的讓人感到要被滿坑滿谷的商品所淹沒。分門別類於三大棟、二十五層樓販賣的商品，只能以應有盡有、包君滿意來形容。各類用品分別以代表樓層的數字與館別的英文字母區分開來，舉凡文具事務、設計製作、家電照明、收納保存、烹飪料理、衛浴清潔、護膚整髮、體育活動、園藝種植、修繕裝潢、休閒旅行、遊戲

以數字、英文字母來區分樓層與館別。

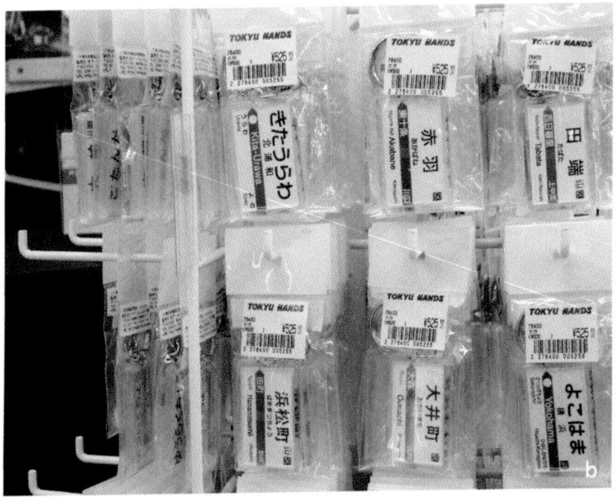

a. 聖誕節的裝飾燈具別緻可愛。

b. 連車站站名的鑰匙圈也有。

c. 各種尺寸、顏色的塑膠管。

d. 衣服的釘扣都可分門別類。

娛樂等等，簡直讓人看得昏頭轉向。每一類如果再往下細分品項，幾張紙也寫不完。我再一次對日本人講求極致、注重細節的民族性歎為觀止。這裡稀奇古怪的玩意兒更是不少，每個初來乍到的客人都會覺得彷彿像進了大觀園。

橡皮筋居然可以分成這麼多種。

符合各種需求的萬能寶山

號稱商品三百萬種以上的東急手創館，若想把館內每一樣商品全部看完，恐怕花上十天半個月也不夠。東急手創館的豐富性實在遠超過一般人能夠想像的程度，不只馬上可以使用的現成商品多，讓顧客自行組合的各式零件、材料或道具等更多。小至橡皮筋、衣服上的釘扣就有幾十種；大到窗簾布、沙發也是各種顏色、材質都齊備。只要消費者清楚自己的需求、目的，東急手創館就是一座萬能寶山，只怕客人不知道自己要什麼而在這裡深深迷惘。我有一位愛做娃娃屋的日本朋友，所有必需的材料都能在東急手創館買齊。在這裡，如果逛累了，還可以到館內餐廳歇歇腿呢！

TOKYU HANDS館內商品看不完。

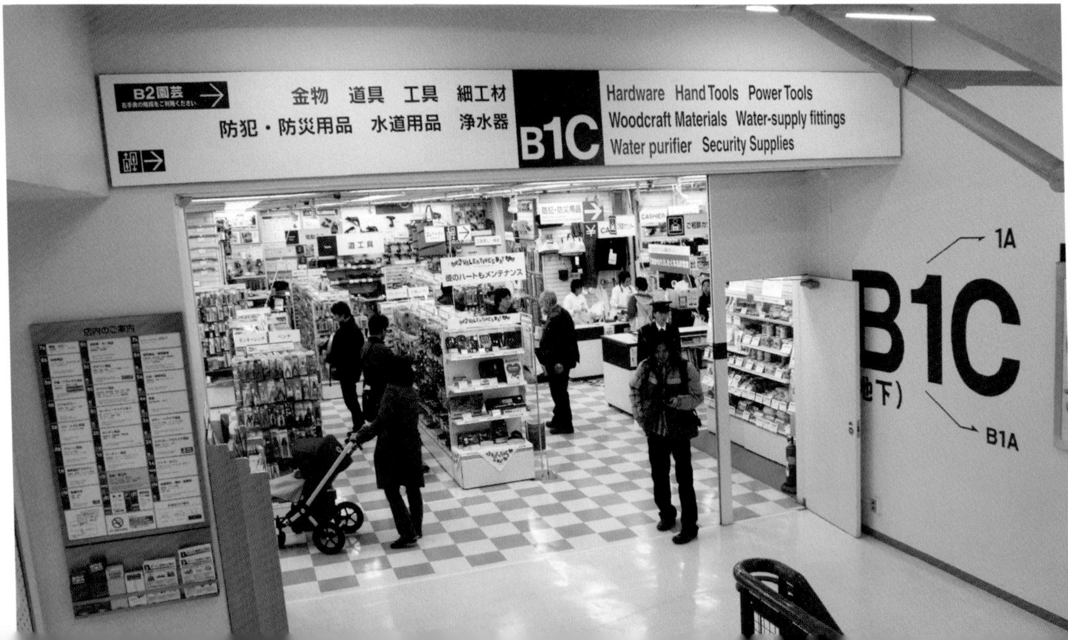

b

a

有時候光看商品感覺太過靜態，我會跑到不定時舉辦各種精采「實演」——也就是現場的實際演出——的樓層觀看，像是印染布料、烹調點心、示範插花、製作書架、縫製桌巾等，都有現場人員教大家如何組合運用店裡的商品。這類活動使得遼闊的賣場熱絡許多，平常沒有DIY習慣的客人，很容易會被現場氣氛引發自己也來動手做做看的念頭。此外，針對特殊節日舉辦的展覽也頗有看頭。另外東急手創館還提供一些加工的服務，我曾在這裡買了一個漂亮盤子，特別請服務人員打上朋友的名字。專屬本人的感覺讓收禮的朋友好開心。為了鼓勵大家動手，每個月舉辦的體驗教室（HANDS LABO）推出各類有趣的學習課程，如同社區活動般，很受當地居民歡迎。如果到日本旅行的時間可以配合，不妨考慮到東急手創館參加單堂課程。

a.
3月3日的雛人形展。

b.
在體驗教室親自體會動手樂趣。
（TOKYU HANDS提供）

左：找不到需要的商品就問專家。
右：館內兩個餐廳方便客人小歇。

踏實穩定又多元化發展的經營策略

崛起歷史三十年的東急手創館，一步一腳印的踏實經營手法，在同業裡誠屬難得，不像有些大肆擴張分店的零售業者大起大落。多年發展出來的商品完整包含了生活的全面性，可以想見與東急手創館往來的廠商涵蓋層面之廣，商品種類之繁多複雜，背後必定有極精密準確的進貨系統與鉅細靡遺的庫存管理。當然學有專精、記性良好、服務又親切的工作人員，也是生意興隆的一大功臣。不管用簡單的日文或比手畫腳，找不到需要的商品時，一定要記得詢問現場的銷售人員，這些專家絕對不會讓客人失望。當然如果可以先在入口搞清楚各樓層販賣的品項更好。

鞏固了DIY的核心價值，東急手創館多年來穩定成長，因應現代人需求愈來愈精緻多元的時代趨勢，以及不同商圈的屬性使然，現已發展出不同形態的幾個副牌，也就是規劃重整得更加區隔化的專門店。這些專門店每間都琳琅滿目、一應俱全，可以說各有千秋卻又能整合成一個大家庭。例如以化妝品、健康與美容用品為主的natulabo、以各種手提包與背包等戶外旅行用品為主的outparts、以家庭用品為主的HANDS SELECT，以及全系列商品的生活提案大店homeyroomy。消費者針對自身需求前往即可一次購足，省去許多尋覓的時間。

a. natulabo以化妝品、健康與美容用品為主。

b. outparts販賣6千種以上戶外用品。

c. homeyroomy屬於生活提案型店鋪。
（TOKYU HANDS提供）

d. 日本有名的「南方鐵器」古樸素雅。

以手思考發現創造的HANDS大賞

就像出版社會舉辦徵文比賽，提供給有才華的作家一個發揮舞台一樣，日本東急手創館為了倡導「以手思考發現創造」為生活帶來的樂趣，自一九八三年起每年都會舉行HANDS大賞比賽，讓民眾投入動腦運動，親手做出自己發明的產品或獨樹一幟的藝術品，自由發揮天馬行空的創意。多年來已經因此發明出許多實用的商品並取得專利，甚至大量生產在東急手創館販賣，同時也誕生了多位別具風格的藝術家。不知台灣的手創館何時會舉辦這類比賽，應該會有不少人感興趣。

從東急手創館繁多的商品分類就能夠了解日本人的思考邏輯切割得多麼細密！東急手創館創意滿分的經營理念與推陳出新的商品，永遠可以帶給消費者許多靈感與刺激，讓生活更加充滿樂趣。

日本舉辦動手製作物品拿大獎。
（TOKYU HANDS提供）

充滿傳統風味的小爐子是實用商品。

在東急手創館眾分店中，涉谷店面積既大，商品又具代表性，就算時間不多也要去這裡開開眼界。

＊

地址：東京都涉谷區宇田川町12-18

電話：03-5489-5111

營業時間：10:00~20:30（不定期休）

交通：搭乘JR山手線至涉谷車站下車，從HACHI公（犬雕像）口方向出來，朝西武百貨的A館與B館間的井之頭通直走，步行約8分鐘抵達。

a. 試試看DIY為生活帶來不一樣的樂趣。

b. TOKYU HANDS也販賣精緻的模型車。

c. 連速克達也買得到。

不二家 FUJIYA

大眾化的幸福洋果子餐廳。

FUJIYA是日本成功的連鎖大眾餐廳。

台灣這幾年很流行販賣幸福，除了婚紗、金飾、喜餅等是最直接跟人生「幸福」有關的行業，連便利商店也要懂得推銷幸福！我聯想這輩子跟自己最有緣、深諳行銷的近鄰日本，念頭圍繞著幸福打轉，腦海裡立刻浮現——不二家（FUJIYA）。日本的連鎖大眾餐廳不少，JONATHAN'S與台灣有引進的樂雅樂（ROYAL HOST）都是其中佼佼者，我也都消費過。細究三者在菜色、服務上並沒有太大差別，但我就是最喜歡不二家。除了幸福感以外，大功臣大概就是PEKO與POKO吧！這對可愛健康的兒童，總讓去日本近二十次的我覺得很溫暖。

創造「幸福」的元祖級美食

仔細分析不二家營造幸福的關鍵，從招牌、店頭、櫥窗到內部裝潢，以暖色系為主調的不二家總洋溢一種「幸福溫暖的感覺」，這招讓不二家像大磁石般吸聚了大量的客人。但你想像不到，形象給人感覺相當年輕又現代的不二家，竟已創業近一個世紀！明治四十三年（西元一九一〇年）由橫濱元町的一家洋果子店起家，創業人藤井林右衛門曾經赴美國取經，取名不二家乃結合三個日語發音——創業人姓氏裡的「藤」字、日本第一的「富士」與唯一的「不二」。

a.
不二家的銀座店。

b.
FUJIYA的命名頗富創意。

c.
奶油蛋糕由不二家開始販賣。

要活到上百歲很不簡單，企業要長壽更是無比艱難。不二家歷經無數考驗仍為市場紅牌，創業精神絕對不是三兩三的小店可以比擬的。秉持對產品品質嚴格的堅持、努力親近大眾、販賣喜悅給顧客，以及潤澤人心、成為街頭綠洲等名言，才發展到如今全國上千家店鋪（包含加盟店）的規模。原來牛奶糖、霜淇淋、泡芙、甜甜圈、奶油蛋糕等現在受大眾喜愛的甜點，全部都由這家元祖級企業開始販賣。難怪不二家一直到現在都是日本人老少咸宜的美食品牌。

偶而去高級餐廳享受大餐感覺固然不錯，不過動輒幾萬日幣、正襟危坐、遵守餐桌禮儀帶來的壓力太大。平易近人的不二家，則完全沒有高不可攀的選客門檻，進門前不需要鼓起勇氣，也不用擔心荷包會大失血。只要去過不二家一次，就能從明亮乾淨的用餐環境、物美價廉的商品與親切可人的服務，充分感受容易親近（FAMILIAR）、美好（FANCY）、夢想（FANTACY）、像朋友般（FRIENDLY）、新鮮創意（FRESH）、花（FLOWER）等字彙象徵的品牌內涵。英文名字以F開頭加一朵小紅花的不二家，懷抱愛、誠心與感謝，提供顧客美味、快樂、方便與滿足的「幸福感」。所以在不二家經常可以看到各種客人——學生、上班族、情侶、全家福和甜食愛好者，全部都囊括了。

a.
不二家的菜色老少咸宜。

b.
用餐環境、商品與服務都帶來幸福感。

品牌定位就是大眾化

最容易找到不二家的地方，就是人潮眾多的百貨公司美食街或車站裡頭。當然不二家在全日本還有不少獨立的路面店，最好在出發前先上網瀏覽一下店鋪所在位置。不二家很清楚地以蛋糕、杯子與刀叉的符號，區別各分店提供的不同服務（各代表洋果子、飲料與餐廳），即使看不懂日文也沒問題。

a.
百貨公司餐廳街內的不二家。

b.
車站裡頭的不二家。

c.
部份餐廳24小時營業。

a.
洋果子店小巧可愛。

b.
蛋包飯是人氣料理。

c.
不二家餐廳氣氛舒適怡人。

每次到日本出差，總會像探望老朋友般去不二家一次。不二家事業體兩大重心為洋果子店和餐廳。洋果子店販賣的甜點、蛋糕、飲料冰品等，價位都在幾百圓日幣左右。蛋糕常採用水蜜桃、哈蜜瓜、芒果、草莓等當季水果，賣相非常賞心悅目，我每次用完餐後都會忍不住外帶一個回去當消夜。而餐廳（部份全天候營業）提供的菜色例如漢堡、蛋包飯、咖哩飯、義大利麵、三明治等基本款，價格也只在日幣千圓上下。它們當然和精緻講究的正統日本料理沾不上邊，不過「大眾化」正是不二家的品牌定位，上門的客人不論是為了喝下午茶、用餐、訂做節慶糕點或購買饋贈禮物等任何目的而來，都能獲得滿足。

不二家經營的法式咖啡屋。

小憩在都會生活裡是必要的。

任何行業想要永佔鰲頭就得隨著時代不斷改變，才能在競爭激烈的市場長久領先。分店數眾多的不二家當然是箇中高手，不時配合消費者需求開發出新的菜單，譬如山藥御膳、里脊牛排丼、土雞親子丼等，皆物超所值。我嘗過其中的山藥御膳，吃起來很溫潤順口。忙碌的現代人即使吃飯也希望能得到一點癒療的滋養，因此這種健康養生口味的餐點很受顧客歡迎。此外，不二家幾年前發展了一家新穎的法式咖啡屋CAFÉ 364 JOURS（法文「日」之意），這裡供應各類咖啡與法國餡餅（GALETTE）。店名非常別出心裁，意即希望客人除了生日以外，其餘三百六十四天也一樣能夠日日美好。

成功代言人為企業金雞母

代言人的力量可載舟亦可覆舟，企業只要選對名副其實的代言人，不但形象能輕易又快速地深植人心，未來延伸周邊商品時更能帶來數不完的鈔票。就這點而言，不二家也是最佳範例。由於PEKO、POKO為不二家自己創造，肥水完全不落外人田，如今不用說日本人，就連台灣

PEKO代言的兒童餐，大人看了也想吃。

穿上小學生制服的PEKO塑像。

穿上牛仔便服的PEKO塑像。

人只要一提到PEKO與POKO，很少人不知道他倆代表的正是不二家！早期的PEKO、POKO玩偶早已成為玩具收藏家的珍寶，跟咱們的大同寶寶一樣值錢。

永遠伸著舌頭的六歲小女孩PEKO，據說造型是仿自早期美國童星秀蘭鄧波兒。PEKO總是相親相愛地與七歲男友POKO在一起。兩人身高同為一百公分，胖嘟嘟的臉頰總是帶著開朗可愛的笑容，充滿元氣的模樣實在太討人喜歡了。青春永駐的PEKO其實誕生於一九五〇年，首次出現於至今仍長銷的經典款——牛奶糖（MILKY）——的包裝盒上。小情侶來自一個不知名的夢想國度，那裡的人們感情非常要好，喜歡談論夢想、發現快樂的新事物。透過PEKO與POKO這兩位甜蜜大使，我們品嘗甜點的那份幸福感更加真實了。

不二家令我會心一笑的一個創意，就是擺在店門口的PEKO塑像會隨著四季改變裝扮。平常穿著小學生制服或便服，每逢日本節慶便換上和

a.
限量贈送的PEKO圓盤。

b.
穿上和服的PEKO塑像。

c.
店裡的裝飾物。

PEKO、POKO是不二家成功的代言人。

服，讓這個假娃娃彷彿擁有了生命，親切活潑地招呼著客人，還曾發生過被熱情粉絲偷抱回家的有趣插曲。台灣好像想不出有哪家餐廳會如此裝飾門面。希望哪天不二家可以來台灣設立分店，這裡應該有許多基本粉絲。

PEKO、POKO是所有行銷策略的中心

不二家新商品上市的頻率頗快，它的糖果、巧克力、餅乾、布丁、果凍等我全部吃過，口感的確不錯，價格也算合理。手邊還保留著幾個糖

a.
PEKO商品很受歡迎。

b.
消費累積點數可兌換各種禮品。

c.
PEKO、POKO禮盒形狀多變化。

d.
各種商品琳琅滿目。

e.
下午3點到了記得要吃點心。

果盒、飲料罐，因為PEKO、POKO兩個小傢伙的臉蛋實在太純真可愛了！不過比起眾多忠誠顧客，我只是小巫見大巫。不二家最喜愛採用消費額累積點數兌換禮品或抽獎的行銷策略，吸引粉絲完整收集PEKO、POKO圖案的限量陶製玩偶、餐具、玩具、文具、生活雜貨等系列商品。此舉果然成功帶動買氣，粉絲的力量無限大，一旦對PEKO、POKO著迷，就像被催眠似地隨著新開發上市的商品，長期不斷地上門享用餐點或購買食品。且拜福神PEKO、POKO加持所賜，不二家的商品、禮盒拿來送人很受歡迎。PEKO人形燒還曾獲得日本食品熱賣大賞的暢銷獎呢！除了廣布日本各地的不二家分店，超級市場、便利商店也都買得到不二家的商品，可以想見不二家每年的營業額。

永遠帶著開朗可愛笑容的PEKO。

看準PEKO永不退燒的超紅人氣，不二家與富士急行株式會社異業結盟，二〇〇五年七月中於山梨縣的富士急樂園（FUJIKYU HIGHLAND）開設了一間將PEKO立體化的PEKO'S CLOCK CAFÉ！穿著點心師傅制服的PEKO招牌與一個標記在三點的大時鐘，提醒遊客別忘了下午三點要吃點心。每到整點時刻店裡會播放特別製作的音樂——「牛奶糖有媽媽的味道」，讓整間店流瀉著一股暖洋洋的愛。自開幕以來絡繹不絕的人潮，總將三十種甜點搶購一空，成為富士急樂園的熱門場所，更為不二家做了非常好的宣傳。

幸福到底為何物？雖然每個人的定義不同，下次去日本時，到不二家尋覓一點幸福吧！

不二家全國各地分店上千家，但是就算趕時間也要到位於繁華銀座的數寄屋橋總店。這裡走過五十年歷史，曾經歷過戰火與多次改裝，所販賣的餐點最齊全。

*

地址：東京都中央區銀座4-2-12銀座crystal building 1樓
電話：03-3561-0083
營業時間：（除了4月和11月，年中無休）
週一至週六：10:00~22:30
週日&節日：10:00~21:30
交通：搭乘地下鐵銀座線、日比谷線、丸之內線至銀座車站，由B10出口立刻抵達。

BOOK OFF
讓書蟲滿載而歸的連鎖二手書店。

有BOOK OFF的地方就有書香。

常覺得書是很奇妙的，它宛如一艘承載著作者原創想法的船，不管是剛起錨下海，或經過幾十年歲月的河流推移、遷徙了幾個停留的港灣，碰到有緣人時，都能夠立刻產生超越時代或國境的對話，傳達的能量左右著讀者的心思，甚至發揮無遠弗屆的影響力改變一個人。然而，對愛書人來說，如果不是特別鍾愛的作家或急於閱讀的書，不一定要把書買回家，有時候去圖書館或租書店也是選擇之一。對看書成習、喜好吸收新知的日本人來說，去書店就像家常便飯，尤其是想要省錢購買書籍或漫畫的人，都很習慣到分布全國各地的連鎖二手書店——BOOK OFF。

為二手書找到最理想的家

日本人習慣在搭乘、等候電車時，以看書來排遣時間；上班族茶餘飯後，也常會隨手拿起一本書或雜誌來看；即使到偏僻的鄉下，一樣找得到書店。日本獨有、輕薄短小的文庫本，便是為了讓讀者攜帶方便而產生。這些現象都說明日本人真的非常喜愛閱讀，世界上大概只有在德國、英國等先進國家才看得到類似情況。

愛看書的民族性使日本出版業異常發達（附帶一提日本出版界從業人員的薪水或許無法和大商社職員相比，但以日本物價來說也還不錯，大手

a. 文庫本是日本獨創的出版物。

b. BOOK OFF是舊書的家。

c. 在BOOK OFF可便宜挖到寶。

出版社的二十五歲上班族，每月薪資約有三十萬日幣），與出版社唇齒相依的夥伴——書店——數量也就相對地多，書籍、雜誌、漫畫的新陳代謝速度也快。那麼新書不斷上市，被擠壓下去、仍然有許多人需要的舊書，到底要流向何方？BOOK OFF就是在這種情況下於一九九〇年應運而生。

一直覺得BOOK OFF這名字取得真貼切，直譯就是將書下架。販賣的東西雖然統稱為二手「書」，其實包括雜誌（講求時效者較不喜歡買舊雜誌，但若找到少數具保存價值的版本就會很樂）、漫畫、原文書、參考書、字典、寫真集、樂譜等，甚至CD、DVD都買得到。客人不但能夠以原價的

a. 寫真集平常動輒幾千日幣。

b. CD分為洋樂與邦（日本）樂。

c. BOOK OFF賣場乾淨明亮。

一到七折購買，更可以賣掉自己不想要的前述物品(當然這是針對日本居民的服務，數量多者還可請店方來取書），等於是一個與顧客雙向交流的平台。經營手法得當、風格獨具的BOOK OFF乾淨明亮的賣場裡，不像一般舊書店散發一種腐臭的味道。換作其他商品，也許只會讓人覺得是一座倉庫，但是在BOOK OFF，書本身散發的書香勝過多餘的裝飾。有BOOK OFF的市鎮，就表示當地文化水準不差。

經營管理有方的BOOK OFF出現以後，自然打擊了不少獨立舊書店，而全國聞名神田古書街的二手書店，也不得不轉型為專門經營某類舊書的專業書店，才得以在BOOK OFF的競爭下生存。不過如果想找那種手工裝訂、價值連城的古董級舊書，當然還是非得到神田的神保町一帶不可。

在BOOK OFF找漫畫較費神。

琳琅滿目又井然有序的店內陳列

BOOK OFF招牌就一個大大的「本」（唸作HON，即書之意）字，玄關處或中央設有一個陳列過往暢銷書或名作家作品的書架，小冊的文庫本與有份量的精裝本分開陳列，內部先以價格來區分，再以作者名字的五十音順序排列。漫畫則依照出版社音順排列，光憑作品名稱很難找，若一個漫畫家的作品橫跨好幾家出版社的話，想收集齊全頗費神。雜誌的排列就較無章法。

網站上清楚地以大中小標示各分店面積，出發以前先上網查一下，才能夠滿載而歸。以位於郊區的大型店鋪來說，面積差不多等於一家量販店，這樣大規模的連鎖二手書店，簡直是書蟲樂不思蜀的天堂，買起來真的非常痛快！尤其是渴望已久、台灣日系書店也訂不到的日文書——例如我所崇拜的大作家渡邊淳一早期的作品、尾瀨朗的漫畫《夏子的酒》，還有朋友要的《電車男》、小丸子原著等，都是在BOOK OFF找到的。現在哈日族裡稍諳日文者為數不少，相信BOOK OFF也會是這個族群有興趣探索的地方。

a.

電車男曾改編為電影與連續劇。

b.

BOOK OFF裡也不乏大師的作品。

c.

櫻桃小丸子的書跟新的一樣。

d.

有不同版本的櫻桃小丸子。

e.

耐著性子等暢銷書或名家作品出現。

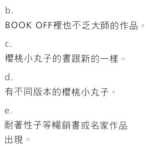

書市循環快速書蟲得利

由於日本書籍市場更迭循環的速度非常快，我曾經在BOOK OFF買到上市才幾個月的「舊」書，外觀完全跟新書沒兩樣，價格卻不到原來的一半。有些出版一年以上的滯銷書甚至便宜到原價的八至十分之一，含稅一百零五日幣的書籍更是非常多！這對作者或出版社來說，也許是很不樂見的殘酷事實，不過對經濟拮据的書蟲來說，卻是天大的好消息。

即使一本105日幣也有不少好書。

「長假」日劇曾在台灣播出，頗受歡迎。

書海的美好不分新舊。

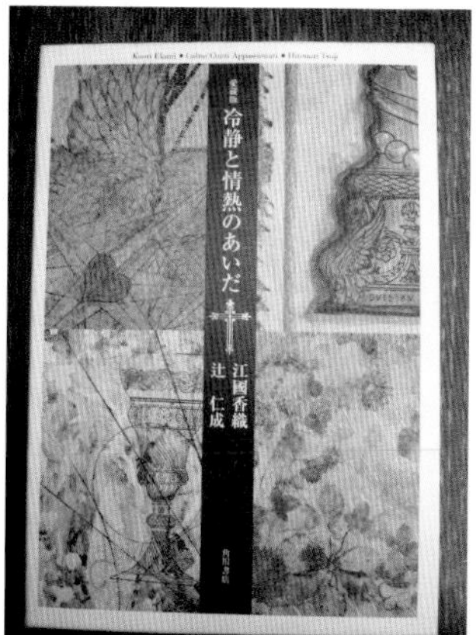

在BOOK OFF買精裝書非常划算。

回想近十年前在日本唸書時，跟著一位愛書的日本朋友去BOOK OFF買書，那種「身陷書海」的美好感覺，讓我開始養成去BOOK OFF挖寶的習慣。因為在物價為台灣雙倍的日本，書實在不便宜。本來我不習慣穿二手衣、也不太喜歡看許多人摸過的舊書，但長期在台灣跟紀伊國屋、誠品書店或永漢書局買進口書很不划算，後來除了具時效性的日文雜誌或急著要看的熱門書籍以外，乾脆趁每次到日本時，再一口氣去BOOK OFF找自己想收藏的書。反正BOOK OFF直營店、加盟店加起來全國共約有八百多間，這間沒有再去下一間試試，一定找得到自己想要的書。不過要提醒讀者，BOOK OFF不幫人調書，因為售價低廉無法負擔物流成本。

以書為起點多元發展

BOOK OFF不只成為販賣二手書的第一把交椅，現在還發展出販賣二手衣服的B STYLE、嬰童用品的B KIDS、運動用品的B SPORTS、手錶飾品的B SELECT、家具雜貨的B LIFE、家電用品的HARD OFF與和服的B KIMONO等系列。這些衍生品牌依照商圈的屬性自由地與BOOK OFF組合（BOOK OFF包含這類商品的店家約有一百間，網站上皆有簡圖標示，可查清楚後再按照自己需求前往）。以我去過的東京品川區大井町阪急分店為例，上述各系列只差沒有HARD OFF這部分，真的像是一個中古品百貨公司，逛起來既寬闊又舒服。這樣乾淨涼快、選擇多元的「跳蚤市場」，對預算不多的人來說，實在可以挖到很多寶物呢！

BOOK OFF也販賣書以外的物品。

沒想到BOOK OFF也跨海發展走出了國門，目前日本移民人口眾多的夏威夷、紐約、洛杉磯、溫哥華、巴黎等地都設有分店。日本出版界依照不同領域、風格書系來區分，市場版圖大約為台灣的六至十倍不等，比較起來台灣愛書人少、市場規模太小，所以我們連一手書店都經營得很辛苦，像BOOK OFF這種格局的連鎖二手書店，根本不可能在台灣出現。只希望喜歡以圖像思考的年輕世代，可以多多培養閱讀的習慣，讓我們的出版業愈來愈蓬勃。

BOOK OFF大型代表店舖

* 原宿店

地址：東京都涉谷區神宮前1-8-8
電話：03-5775-6818
營業時間：10:00~21:00
交通：搭乘JR山手線至原宿車站下車，從竹下口出去，走入竹下通到底，於明治通右轉約30公尺即可抵達。

* 西五反田店

地址：東京都品川區西五反田2-29-5 1&2F
電話：03-5437-6192
營業時間：10:00~24:00
交通：搭乘JR山手線至五反田車站下車，從西口出去，沿著山手通右方步行約5分鐘即可抵達。

BOOK OFF在歐美也設立了分店。

5

城市再造篇

全球進行改造重建的城鎮不少，世界矚目的重量級範例則少有，日本全方位的文化新震央與最佳海港，提供了最值得學習的經驗。

六本木之丘

二十一世紀最完美的城鎮。

城市如同人，需要隨時間流轉改變內部體質，才能因應瞬息萬變的未來需求。做事向來按部就班又肯花大錢投資的日本人，在重新打造城市面貌方面，堪稱全世界數一數二的高手。讓人刮目相看的六本木之丘（ROPPONGI HILLS），便是城市再造（CITY-REBUILDING）的最佳典範。為了好好探索這座萬分景仰的理想城，三年來我已拜訪過五次。

六本木之丘是城市再造的典範。

機能完備先進的都中之城

二〇〇三年四月誕生的六本木之丘，隸屬地產投資的森集團，佔地共十二公頃（一萬九千平方公尺），相當於八個東京巨蛋體育場大小，在寸土寸金的東京都裡，堪稱是一座機能完備先進的世外桃源。由森TOWER辦公大樓、國際精品店、朝日電視台、GRAND HYATT飯店、森美術館、電影院、餐廳、高級租賃公寓、美容健康設施、大型廣場、圖書館等構成，加上廣闊的毛利和式庭園，以及多位國際級藝術家操刀的大型裝置藝術品，集結生活、娛樂、消費、時尚、藝術等眾多機能，等於從點、線、面擴大到網，形成一座能夠自給自足的都中之城。一抵達六本木車站，隨即可以感受到此處散發的獨特嶄新能量，俯拾皆是讓人讚嘆驚喜的傑作。

花費十七年才完工的六本木之丘，以垂直的庭園城市（VERTICAL GARDEN CITY）為概念，總共耗資二千七百億日幣，被稱作是新世紀東京

a

b

的理想社區，實現了未來都市人的生活形態。其實前十四年的時間全花費在與當地住戶、鄰近社區、行政當局與建築師斡旋，因為當時沒人能夠想像到底建設樣貌為何，而今人人都以六本木之丘為榮。除了工程本身浩大引人探究

d

a. 玉樹臨風的森TOWER大樓。
b. 朝日電視台也值得參觀。
c. 維京（VIRGIN）電影院豪華氣派。
d. 六本木之丘群集國際精品店。

以外，如何在有限的土地上做高效率的利用，還要考慮防災等問題，特別是地震頻繁的日本，六本木之丘承受來自四面八方關切的壓力。

從很遠處就可以眺望到中央的森TOWER五十四層大樓，以這個高聳地標為核心往四周延伸，約十個高低不等的塊狀區域或建築之間，用特長電扶梯、空中步道與斜坡街道等連結，整體散發出一種世界級的奢華磁場，至少要花個大半天才能將這個地方徹底走透。開幕兩個月即創下一千萬人、至今一億二千萬人造訪的輝煌記錄，包括丹麥女王、俄羅斯總統普京、好萊塢巨星湯姆克魯斯、韓國紅星裴勇俊等外國嘉賓也曾大駕光臨。我前往位於五十二樓的展望台，三百六十度鳥瞰東京市容，感動之餘，深感個人的渺小與夢想家園格局的碩大，實在成了極端的對比。

從六本木車站搭乘特長電扶梯直達入口。

寬闊的毛利庭園綠意無邊。

前往52樓展望台登高望遠。

於 2005年4月4日至5月8日展出的UNITED BUDDY BEARS。（六本木之丘提供）

國際級藝術的強效行銷

一個城市之所以迷人，魅力的源頭來自於文化。堪稱為東京新文化震央的六本木之丘，深諳藝術行銷製造話題的魅力，每隔一、兩個月，就會在森美術館、廣場或多個藝術空間舉辦藝術文化展覽。而且由於財力雄厚、號召力強，展出內容往往具有國際級格局，經常是外界注目的焦點。較為轟動的例如UNITED BUDDY BEARS展，以代表柏林的熊為主題。由世界各國藝術家所繪的一百二十七隻藝術熊，傳達愛、和平、友誼、寬容與不同民族之間的理解。還有從中國四十三間博物館與研究機構外借的一級文物展、紐約近代美術館（MOMA）的優秀藝術品展覽、義大利時尚大師GIORGIO ARMANI的回顧展，以及二〇〇四年第十七屆的東京國際映畫祭等，都吸引大批人潮前來參觀，也為六本木之丘塑造了高格調的藝術形象。十分寬敞的ARENA廣場更為藝人、樂團表演的一級舞台，輻射狀的視野不管從高處俯瞰或在周圍欣賞皆很理想，我初次造訪那天就剛好欣賞到交響樂團的精彩演奏。

ARENA廣場為戶外表演的一流舞台。

賣場可買到村上隆設計的明信片。

六本木之丘重金請來馳名國際的藝術大師村上隆，為其打造吉祥物MAM與宣傳明信片、布旗、海報等廣告製作物，並設計賣場裡的許多相關商品。二〇〇五年七月起連續兩個月，曾於毛利庭園推出主體高達七公尺的「TONGARI君&四天王」的立體雕塑展，還同時推出多款別緻的紀念品與點心，為氣勢磅礡的六本木之丘增添非凡的藝術氣息。我在這裡看到曾經來台展出的村上隆作品，倍感親切，忍不住再多看幾眼。

中華料理在六本木之丘揚眉吐氣。

能夠滿足五覺探險的新勝地

在六本木之丘絕對能夠進行令人滿足的味蕾探險。近百間包含各國料理的餐廳、咖啡廳、酒吧，分布於幾個地區內，不但讓人看了眼花撩亂，就算連續來此地消費一個月，恐怕也品嘗不盡。數量最多的餐廳當屬正統日本、中華、義法料理，其中著名的包括法國三星主廚坐鎮的L'ATELIER de Joel Robuchon。此外這裡也是中國餐廳第一次進軍海外的據點，如慈禧太后最愛的宮廷御膳北京「厲家菜」、有百年歷史的上海點心「南翔饅頭店」，以及京都祇園初次在東京開店的魚翅料理「白碗竹筷樓」。著名的和果子老店鋪虎屋，因應時代潮流也在這裡開設了一家現代感的咖啡屋。另有一間特別的豆腐咖啡屋，提供東京人新近最著迷的各式豆腐料理。

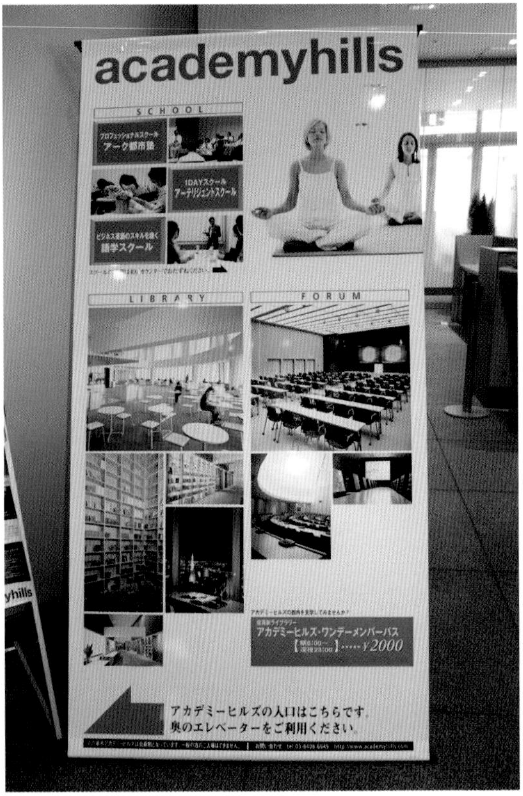

六本木之丘規劃的學習課程風評不錯。

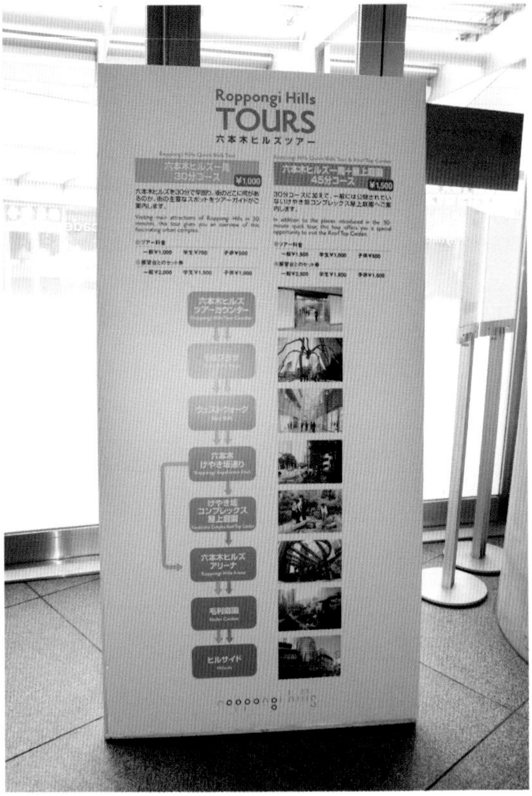

幾種重點遊覽六本木之丘的行程。

對初來乍到的觀光客來說，六本木之丘實在像一座巨大的迷宮，有不知從何切入的茫然感。想自行探險者最好先拿地圖再行動，才不致遺漏任何精彩的地方。為了讓大眾領略此處真正的魅力，服務處特別規劃如環繞整座六本木之丘、結合參觀森美術館與展望台眺望東京景觀、重點遊覽六本木之丘與展望台、專門參觀大型裝置藝術品等數種行程，只要付費且事先預約，無論想要定點深入或廣泛巡遊，都可以更有效率地掌握六本木之丘的精髓。至於好奇的我，則是第一次造訪時扼要地先看日文簡介、一一瀏覽代表性景點，之後每次便選擇定點深入探訪。

亞洲首屈一指的藝術文化發信地

六本木之丘不僅是一處高級的消費場所，更是鼓勵進德修業的好地方。特別成立的丘學院（ACADEMY HILLS）規劃了幾十種課程，包括ARK都市塾、藝術智能班、語言進修班等，分為單次、一日、多次等幾種形態，邀請各領域的名人、專家、企業經營者或教授等前來講授，無論想要充實知識、涵養藝術、增進體能、修身養性、妝點生活，都能夠在這裡找到符合自身需求的課程。這些課程除了活絡整個地區的人氣，當然也為六本木之丘創造了不少收入。只要時間允許，身為外國遊客的我們，也可以付費上一堂課沾染六本木之丘的學習氛圍。

介紹六本木之丘的DM。

在六本木之丘漫步是一種快活舒服的體驗。

以往六本木給人的刻板印象是外國人熱愛群聚的享樂聖地，有許多餐廳、酒吧、舞廳、夜店等。酒池肉林的負面形象與滋生是非的不良名聲，因為豪華高雅的六本木之丘的誕生而大為改善。六本木不僅成為東京人嶄新的情報發信地與時髦的社交場所，附近的房地產也跟著帶動起來，吸引許多時髦都會人士移居，整個地區產生一股無與倫比的活力，還一舉成為世界各大媒體樂於報導的完美典範。這種城市再造所帶來的深遠影響，令人拍手叫好。期盼台灣不久的未來也會有類似的建築大作出現。

＊ 六本木之丘ROPPONGI HILLS
住址：東京都港區六本木6-10-1
電話：03-6406-6000
交通：從惠比壽搭乘地下鐵日比谷線至六本木車站。

LOUISE BOURGEOIS——超大蜘蛛
（從超長手扶梯一上來即可看到，
在古根漢美術館前出現過）

巨大藝術品巡禮

喜歡欣賞大型裝置藝術品的人，一定要沿著氣氛優雅的KEYAKI長坡道散步，
仔細玩味由國際級藝術家設計的巨型雕塑及大型奇特座椅。
每走幾公尺即可看到一座，別忘了親自撫摸或坐上去感受一下大師們的創意。
這些藝術品為六本木之丘妝點出恢宏的國際藝術色彩，
觀摩一趟下來，大概要一個小時以上。我興致盎然地試坐一番，
充分感受融入此未來之城的喜悅。

宮島達男——自由變動數字玻璃螢幕

ISA GENZKEN——
如何風吹雨打也挺立的大薔薇

MARTIN PURYEAR——
巨型守護石

蔡國強——假山水椅

JASPER MORRISON——長條椅

DROOG DESIGN ——
綜合功能浪漫椅

日比野克彥 ——
不規則狀川之石椅

設計界元老內田繁 ——
紅色波浪椅

建築大師伊東豐雄——
同心圓金屬椅

新銳設計師吉岡德仁——
雨天消失冰塊椅

ETTORE SOTTSASS——
藍牆大理石椅

KARIM RASHID——
抽象島狀椅

RON ARAD——8字狀鋼管椅

THOMAS SANDELL——黑白相間石頭椅

內田繁——公車亭

橫濱港區未來二十一
城市功能最齊全的東京之窗。

橫濱是個國際化海港。

造訪過日本全國許多大城小鎮，每個城鎮各自的魅力大都了然於心，但最常去的還是東京。東京的新陳代謝快速，永遠可以看到不少台北目前沒有、但未來可能出現的事物，能充分滿足我長久以來喜愛觀察兩地變化對比的好奇心。其次最喜歡的就是海港，因為那份陸海相連的自由開闊氣氛，解除了困於都市叢林的窒息感。日本的海港不少，比如歐洲情調的神戶、俄式風情的小樽、荷蘭風光的長崎等，皆為港口機能與觀光色彩並重的要港。日本第一大港、屬於東京港埠的橫濱自然也不例外，不過其城市發展更具計畫性，國際化程度與發展格局更大，此與「港區未來（MINATOMIRAI）二十一」計畫有密切的關係。

複合功能的國際海港

為了分擔首都圈業務機能、強化橫濱自主性與轉換港灣機能品質，「港區未來二十一」是改造橫濱都心的一項城市再造大計畫，如今也是一個人氣相當高的新興觀光地區。這項計畫早在一九八一年就已定案，之

雪梨是橫濱改造計畫參考的都市之一。

後隨即陸續著手一個個定點的整建，包括新建與改造區內建築設施兩大部分，進行了二十多年，如今橫濱的現代化程度有目共睹，未來仍然持續這種節奏變化當中。就成為二十一世紀的情報都市、二十四小時活動的國際文化都市、以及被水與綠與歷史環繞的人味環境都市三大重點來說，橫濱的確以加速度在成長進步，每隔一段時間拜訪橫濱，就會感覺它又有些不一樣。

「港區未來二十一」計畫也師法全世界著名臨海都市，如雪梨、波士頓、舊金山、溫哥華、阿姆斯特丹、巴爾的摩、新加坡等城市之再造經驗而擬定，建構出最能夠滿足二十一世紀人類需求的國際複合城市。其中包括辦公大樓、購物中心、度假飯店、會議展覽館、美術博物館、公園綠地與住宅等，內有近二十萬的就業人口與上萬名居民，多項功能讓橫濱成為最亮麗的海港。與我去過的其他海港相較，橫濱的港灣大橋、觀光遊艇、多棟超高大樓確實具有雪梨的影子；而購物商場的建設多少帶著舊金山漁人碼頭的色彩。能夠勇於學習他國城市的優點、不斷提升城市層次的向上心，是我非常鍾情橫濱的主要原因。

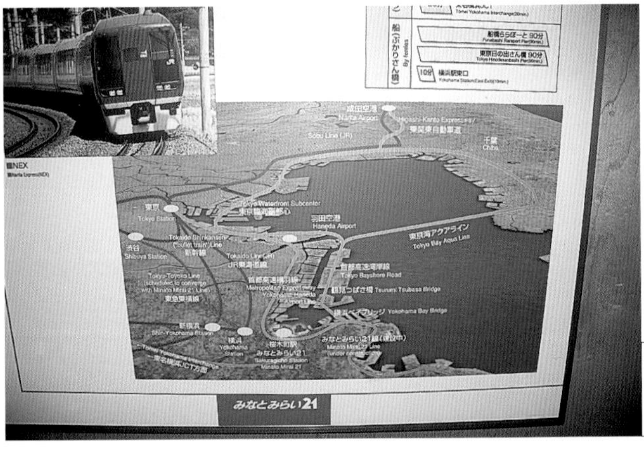

「港區未來二十一」計畫大大改造了橫濱都心。

城市命運起伏宛如人生

地屬神奈川縣、臨東京灣的海港橫濱，處於東京窗口的重要位置，往昔即為各國商船通行停泊之港，其特有的異國情調就是如此孕育而成，甚至日本的現代化也都是從這個國之玄關開始。到目前為止橫濱在全球已有八個姊妹市，分別為美國聖地牙哥、法國里昂、印度孟買、加拿大溫哥華、菲律賓馬尼拉、中國上海、羅馬尼亞康斯坦札及烏克蘭歐岱沙。開放心胸廣結善緣，自然四海之內都有好朋友，更何況橫濱是政府有計劃開發改造的重鎮。如今橫濱的國際化程度完全不輸東京，甚至自成一格。豐富多元、耐人尋味的橫濱，宛如一個濃縮版的東京，東京有的橫濱也差不多都有，而且洋溢著一種純粹向陽的質感。

橫濱在全球已有八個姊妹市。

耐人尋味的橫濱宛如濃縮版東京。

橫濱幾十年來始終朝氣蓬勃。

隨著年紀增長，無論是親自造訪或透過各類媒體了解世界各國城市，觀察分析這些城市多年的轉折變化，常常會讓人不勝唏噓；比方說有的城市正由於地處戰略要塞，所以一再遭受殖民或屠戮的命運；有的城市雖然袖珍、機能也不強，反而因為無人覬覦而幸運地百年來始終維持原貌。城市如同人，有與生俱來的好壞條件，亦有後天運勢的高低起伏、盛衰榮枯，各自有其天命，在不同時期看之，就有截然不同的風景。橫濱幾十年來始終朝氣蓬勃，實在是個承天恩澤的難得好城。

鐵路是帶來生機的命脈

要觀察一個城市開放程度高低，就看其交通路線是否四通八達。本來橫濱的鐵路已有ＪＲ線、東急線、京急線、相鐵線與市營地下鐵，為了讓更多人親身體會橫濱的魅力，特別開闢了港區未來線，沿線五個大站包括新興祥和的新高島車站、能夠飽覽港灣景觀的港區未來車站、銜接過去與未來的馬車道車站、歷史建物豐富的日本大通車站、熱鬧活絡的元町中華街車站。每個車站即為連結橫濱各種資產的切入口，並且有一日乘車券方便觀光客當日不限次數搭乘。只要深入探訪這五大重點，就可以領略橫濱不同面向的風情。

其實喜歡日本還有一個最重要的原因，就是我很佩服這個民族思考有邏輯、做事有計畫，在進行任何事情以前，總會先考慮前因後果、上下左右的連帶關係。這或許耗費較多時間與工夫，但能夠達到很完善周全的結果；比如新機場一蓋好，通

橫濱的鐵路四通八達，為城市帶來生機。

橫濱的商場與舊金山漁人碼頭有幾分相似。

元町是橫濱著名的商店街。

橫濱人形之家是個人氣博物館。

具歷史價值的紅磚倉庫群又重新活絡起來。

著名的日本丸可入內參觀。

車鐵路線一定同時完工。看看我們的桃園國際機場已經蓋好幾十年，捷運還不知道在哪裡。日本總是有計畫地先建造各地城市的基本架構——也就是主掌生機命脈的鐵路，內部的繁榮、商場的成立，自然伴隨車站的誕生、人潮的往來而開展，也就不會有後來才冒出來的建設工事，破壞美麗市容的本末倒置事情發生。橫濱可以那麼美麗當然其來有自。

透視橫濱的多元化玩法

去過橫濱近十次，每次去東京常會不由自主繞到橫濱看一眼。可以滿足各種不同需求者的城市不太多，橫濱是其中之一。若想好好玩樂，可以搭乘渡輪領略橫濱港風情，然後拉遠距離到以「海洋知識與遊玩」為主題的八景島海洋樂園消磨時光，這裡有一座臨海的雲霄飛車，搭乘起來特別刺激；船迷還可參觀有「太平洋白鳥」美稱的日本丸、到山下公園周邊的冰川丸研究一番；喜愛藝文活動的人，不能錯過橫濱美術館、橫濱人形之家（洋娃娃博物館）、玩具博物館、絲綢博物館、岩崎博物館等；熱衷挖掘歷史者，可參觀神奈川縣立歷史博物館、橫濱海洋博物館、橫濱開港資料館、山手資料館、紅磚倉庫群等，貼近橫濱源頭的同時，深具時代價值的建築物本身也別忘細看。

對吃有興趣的人，可造訪新橫濱地區的拉麵博物館、關內車站附近的咖哩博物館，不但有美食入口又可以了解相關學問。如果運氣好碰上表演檔期，就順便到附近的橫濱巨蛋欣賞歌手或樂團演唱。血拼族則務必到地標塔（LANDMARK TOWER）、皇后廣場（QUEEN'S SQUARE）、傑克城（JACK MALL）、世界港（WORLD PORTERS）等橫濱具有代表性的購物中心，或者平價名牌商品（OUTLET）的灣岸購物商場（BAYSIDE MARINA）、百貨公司群集的橫濱車站、元町商店街等，漂亮的商品幾天也買不完，只要小心信用卡別刷爆。晚上不妨前往有三百六十度展望台的橫濱燈塔，欣賞比白天更具風情的夜景。這裡的夜景在全日本的都市中可是數一數二呢！要盡情享受橫濱，方法實在不勝枚舉。

a. 地標塔購物中心內部美侖美奐。

b. 寬敞舒適的WORLD PORTERS購物用餐選擇多。

a
QUEEN'S SQUARE佔地廣大。

b
橫濱的NAVIOS YOKOHAMA飯店造型獨特。

c
在元町可買到不少高品質的東西。

自從橫濱港灣大橋、鶴見翼橋兩者順利連結，以及港區未來線電車開通後，東京與橫濱之間的交通更加便利，橫濱這座港都益發成為熱門的觀光勝地。如果可能，直接住宿在橫濱地區最好，可以觀看海港的美麗日出。幾年前我曾經入住橫濱地區一家建築物像ㄇ字型的NAVIOS YOKOHAMA飯店，有天一早五六點就起床，慢慢遊走於眾多魅力景點，那天充分體會到橫濱的美，與節奏匆忙高壓的東京完全不同。這個海港蘊藏的內涵無限，除了政府有心改造以外，城市的律動與自然的變化原本就很值得深入玩味，再加上城市悠久的歷史、異國風味的建築、豐厚的人文風情與多元美食，所有去過的人幾乎都會念念不忘而一再地造訪。到過日本遊玩的國人很多，但尚未去過橫濱者應還不少，把橫濱安排進下次赴日的行程表絕對值得。而在遊玩之餘，我不禁暗自祈禱台灣幾個大海港能夠早日向橫濱看齊。

橫濱的歷史、建築、人文與美食皆令人玩味不已。

MarineRouge
マリーンルージュ
HITACHI

國家圖書館出版品預行編目資料

Japan Style／柯珊珊文字・攝影——初版
—— 臺北市：大塊文化，2006〔民95〕
面；　公分——（tone；08）

ISBN 986-7059-23-9（平裝）

1. 商店－日本　　2. 日本－描述與遊記

498　　95010312

LOCUS

LOCUS

LOCUS

LOCUS